家规三字文

母建华◎著

新世界出版社
NEW WORLD PRESS

图书在版编目（CIP）数据

家规三字文 / 母建华著. --北京：新世界出版社，2017.7

ISBN 978－7－5104－6295－5

Ⅰ. ①家…　Ⅱ. ①母…　Ⅲ. ①家庭道德-中国

Ⅳ. ①B823.1

中国版本图书馆 CIP 数据核字（2017）第 119067 号

家规三字文

作　　者：母建华

责任编辑：刘　颖　曲静敏

责任印制：李一鸣

出版发行：新世界出版社

社　　址：北京西城区百万庄大街 24 号（100037）

发 行 部：（010）6899 5968　（010）6899 8705（传真）

总 编 室：（010）6899 5424　（010）6832 6679（传真）

http://www.nwp.cn

http://www.nwp.com.cn

版 权 部：+8610 6899 6306

版权部电子信箱：nwpcd@sina.com

印　　刷：三河市骏杰印刷有限公司

经　　销：新华书店

开　　本：880mm×1230mm　1/32

字　　数：123 千字　印张：6

版　　次：2017 年 7 月第 1 版　2017 年 7 月第 1 次印刷

书　　号：ISBN 978－7－5104－6295－5

定　　价：29.80 元

传承中华文明
建设幸福家庭

李钢

人正
風清
氣和
業興

丙申冬月郭尋先

序　言

国有国法，家有家规。中国人历来注重家规的制订，注重以家规来规范家庭生活、家庭秩序和家庭道德，促进家庭教育、家风培养和家庭全面建设，实现家庭及家族真正在人文意义上的“薪火相传”。

中国家规起源于上古时期，人们在生产生活实践中的口耳传授，并伴随着血缘家庭的形成而产生。《尚书》《周易》《诗经》中记载的家规内容，可看作中国文字家规的源头。此后，家规随着家庭、社会的演进不断地积累、完善、成熟、传播和发展，代代传承，逐步形成了独具特色的中华传统家规文化。历史上有许多著名的家规流传甚广，如颜子推的《颜氏家训》、朱柏庐的《治家格言》等。古代家规由于时代的局限性，虽然在内容上存在一些糟粕，但总体上仍不失为中华民族传统文化的一部分，并内化为中华民族得以血脉相传的文化基因。由于种种原因，一些年来人们对家规认识产生了偏颇，家规的观念淡化了，良好的家规丢掉了，以至于出现了“家无家规”的现象。

历史在前进，时代在发展。现在是 21 世纪，中国早已建立了社会主义制度，实行了改革开放，现正在进行社会主义现代化建设。今天中国家庭所处的环境、家庭的结构和模式、家庭的观念和行为都发生了很大的变化。针对这一新的形势和情况，习近平在 2015 年春节团拜会讲话中深刻指出：“家庭是社会的细胞，是人生的第一所学校。不论时代发生多大变化，不论生活格局发生多大变化，我们都要重视家庭建设，重视家庭、重视家教、重视家风”。建立和推动新时期家规建设是加强现代家庭建设的重要课题。为了更好的贯彻落实习近平关于新时期家庭建设重要讲话精神，促进家规及家庭建设，作者以强烈的热情和责任感，以习近平关于家庭建设重要讲话精神为指导，紧密结合培育和弘扬社会主义核心价值观，紧密联系现代家庭的实际，继承和发扬中华民族传统家庭美德，创作了《家规三字文》。内容包括：总叙、责任、道德、家和、礼仪、家教、子女、健康、告诫、法律等 10 个部分，涵盖了现代家庭建设的主要方面，构建了现代家规的基本框架，内容丰富，论理深刻，贴近实际，富有新意。

通过阅读《家规三字文》，感到整篇体现了当代社会发展的主流文化，充满了催人向好、向善、向上的正能量。其主要特点：一是体现了古代传统家庭美德与现代家庭文化相结合，既弘扬了中华民族重视家庭、重视亲情、父慈子孝、贤妻良母、兄友弟敬、家和事兴、勤俭持家、注重礼仪等传统家庭美德，又结合当代社会实际，阐述了社会主义核心价值观有关“爱国、敬业、诚信、友善”的精神，以及“五讲”“四美”“三热爱”等内容。二是体现了中国优秀家庭文化与外国先进家庭文化相结合，既坚持了“修、齐、治、平”“家国同构”“命运同体”的家庭文化优势，又吸收和借鉴了外国家人平等、民主、自立、自主、独立等先进家庭理念。三是体现了以德治家与以法治家相结合，既阐明了有关家庭美德、做人品德、修身进德，提出了要以德育人、内化于心、外化于行，又阐明了国家有关家庭的法律，提出了家庭要懂法、遇事要找法、处事要依法。四是体现了理论与实际相结合，既站在理论的高度对家庭有关问题进行了概括、分析，又紧密联系现代家庭的实际，提出了解决问题的一些办法。《家规三字文》还融合了婚姻家庭学、家庭伦理学、家庭教育学、家庭生活学、儿童心理学、人才成功学等交叉学科知识。我相信，读者翻开这本书，定会拓宽视野、增长知识、受到启发、得到收益。

本书采用古代《三字经》格式。我们知道，科学全面系统的构建现代家庭规则，缺乏先例可循，实属不易。再以三字经的格式来表述其丰富的内容，达到简明精炼，通俗易懂，上口易做，更增加了编写的难度。为了使家人和读者便以阅读，作者编写了注释、解读，配置了插图，图文并茂，进一步增强了该书的知识性、通俗性、可读性和实用性。

作者母建华，从小生长在一个家规严格、家教良好的家庭中，家国情怀浓厚，学识功底坚实、品德修养深厚。在长期的领导岗位上，他十分注重家规、家风的建设，坚持自觉遵守家规，用家规教育子女，依家规建设家庭，并积累了较为丰富的家庭建设经验。退休后，他专注于家庭问题的学习与研究，为更好的教育家人和子女，规范家庭行为，建设一个人正、风清、气和、事兴的幸福家庭，他学习和查阅了大量有关家庭文化的书刊、资料，紧密结合现代家庭实际，历经三年多的时间，征求了众多专家、家庭和有关人士的意见，经过几十次的修改，撰写了《家规三字文》。此书不仅是作者多年来关于家庭问题的学习、思考和感悟，也是其家庭建设经验的梳理、总结和升化，不仅是作者家庭宝贵的精神财富，同时也值得大家学习和借鉴，相信这本《家规三字文》一定会受到读者及其家庭的喜爱！

家庭是社会的细胞，国家的基石。好家规可以兴家，进而兴国家，兴社会。人们都希望拥有一个和谐幸福美满的家庭，相信这本《家规三字文》对促进我国现代家规建设，建设和谐幸福家庭，构建和谐幸福中国，定会起到应有的积极作用。

蔡国英

2016 年 9 月 10 日

目 录

一、总叙

大中华，五千年；史悠久，文明传。

疆辽阔，物产丰；万物生，人杰灵。

天人合，道同一；人与物，命共体。

家与国，乃同构；人为本，乃核心。

爱国家，万众心；新时代，勇创新。

优文化，博精深；软实力，国根魂。

力传承，当自信；外于行，内于心。

先修身，后齐家；报国家，善天下。

注释：

天人合，道同一：出自《庄子·山木》：“人与天一也。”《周易》：“一阴一阳谓之道。”其中，“天”指自然。“一阴一阳”指我国古代哲学认为宇宙中贯通物质和人事的两大对立面。“道”指规律。意思是：天、地、人是同一的，并按照其内部既相互依存又相互对立的一阴一阳的对立统一规律运行。现指自然界、人与社会和谐统一，并依照其共同规律和特殊规律发展。

人与物，命共体：出自《庄子·齐物论》：“天地与我并生，而万物与我为一。”意思是：指天地与我共生共存,万物与我合为一体。现指人与自然中的万物相互联系、相互依赖，密不可分，同属一个生命共同体。

家与国，乃同构：出自《礼记·大学》：“古之欲明明德于天下者，先治其国；欲治其国者，先齐其家；……”意思是：古代凡是想在天下发扬明德的人，首先要治理好自己的国家；想要治理好自己国家的人，首先要把自己的家庭管理好。这体现了中华民族的家国同构、家国一体的文化理念。

人为本：出自《管子·霸言篇》：“夫霸王之所始也，以人为本。本理则国固，本乱则国危。”意思是：成就霸业或王业的开始，就要以百姓为根本。百姓得到治理则国家稳固，百姓动乱则国家趋于危亡。现指人在自然界各种生物中，人在家庭、国家及其他社会关系中，人是最根本的，是核心，应以人为本。国家应以人民的福祉为本，家庭应以家人的幸福为本。

爱国家，万众心：指中华民族为救国建国，人民大众及无数仁人志士，万众一心、不怕牺牲、前仆后继、英勇奋斗的爱国主义精神。

新时代，勇创新：指社会主义改革开放的时代，开拓进取、勇于创新的精神。

优文化，博精深；软实力，国根魂：指中华民族的优秀文化博大精深，是国家的软实力，根与魂。

解读：

中华民族有5000多年悠久的历史，幅员辽阔，物产丰富，地杰人灵，出现了许多著名的思想家、政治家、军事家和科学家。我国古代的“四大发明”，即造纸术、印刷术、指南针、火药，在历史上不仅对中国而且对世界的经济社会发展，都起到了重大的推动作用。特别是产生和形成了我国优秀的传统文化，其中“天人合一”“命运共体”“家国同构”三大理念就是重要的内容。这三大理念是相互联系的，其中“天人合一”是指自然、人类、社会乃至宇宙都是相互联系的，并依照其基本规律发展。“命运共体”和“家国同构”是“天人合一”这一哲学理念在生态自然和社会组织制度中的具体体现，其核心思想是“以人为本”。这三大理念和“以人为本”的核心思想，由于过去受历史的局限和社会制度的影响，有些方面难免有些偏颇，但结合现代实际，特别是全面推动我国改革开放、和谐社会建设和生态文明建设，其基本思想仍具有重要的指导意义。特别是“修身、齐家、治国、平天下”的中国传统文化，不仅精辟地阐述了个人道德修养与家庭、国家、社会的相互联系，而且还深刻地阐述了加强个人道德修养在齐家、治国和社会建设中的基础性作用。“家国同构”“家国一体”的中华民族优秀传统文化，仍具有重要的现实意义和历史意义。

中华民族是一个具有光荣的爱国主义优良传统的伟大民族，特别是100多年的近代历史，中华民族在遭受帝国列强的侵略、掠夺和欺辱的情况下，在中国共产党的正确领导下，无数仁人志士和全国人民万众一心、英勇奋斗、不怕牺牲、前仆后继、救国救民，最后推翻了压在中国人民头上的三座大山，解放了全中国，建立了社会主义制度，使中国人民站起来了。改革开放40多年，中国人民在中国共产党的正确领导下，改革创新，开拓进取，社会主义现代化建设取得了巨大的成就，祖国大地发生了翻天覆地的新变化，中国人民富起来了，并向着强大国家的目标前进。历史充分证明，中华民族这种万众一心、英勇奋斗的爱国主义精神和改革开放所形成的开拓进取、勇于创新的时代精神，是我们国家发展的宝贵精神财富和巨大力量源泉。中华民族的优秀文化博大精深，是我们国家的软实力，根和魂。我们应坚持文化自信，并大力继承和发扬，内化于心，外化于行，修养好自身，管理好自家，报效好国家，服务好社会，为国家和社会做出应有的成绩和贡献。

家与国，小与大；家小国，国大家。

何为家？居中人；乃血缘，源于婚。

两属性，两作用；共发展，互促动。

家之位，第一校；国之基，社细胞。

重亲情，重家庭；“四促进”“三注重”。

时代变，格局变；道不变，与时进。

注释：

居：居所、住宅。

两属性，两作用："两属性"指家庭具有的自然属性和社会属性。"两作用"指家庭具有的繁衍后代、延续人类发展的自然作用和创造财富、促进经济社会发展的社会作用。

家之位，第一校；国之基，社细胞：出自习近平在2015年春节团拜会上的讲话："家庭是社会的基本细胞，是人生的第一所学校……使千千万万个家庭成为国家发展、民族进步、社会和谐的重要基点。"

"四促进""三注重"：出自习近平在2015年春节团拜会上的讲话："促进家庭和睦，促进亲人相亲相爱，促进下一代健康成长，促进老年人老有所养。""注重家庭、注重家教、注重家风。"

道不变：指注重家庭建设的中华民族传统美德和家庭建设的一般规律不变。

解读：

中华民族历来把家与国联系在一起，认为家是小国，国是大家，家与国不能分。什么是家庭？家庭是因婚姻、血缘或收养关系的人们所组成的最基本的社会组织。它具有自然和社会两种最基本的属性或特征，具有繁衍后代、延续人类发展和创造财富、推动经济社会发展的重要作用。

中国有13亿多人口，4.3亿户家庭。随着时代的发展和社会的进步，由于各方面的因素和影响，我国当代家庭的结构，主要是家庭的人口规模和模式发生了很大的变化，并出现了诸多矛盾和问题。例如，丁克家庭、单身家庭不断增长，流动家庭、留守家庭、空巢家庭不断增多，致使家庭婚姻、子女教育、敬老养老等问题凸显。另外，这些年社会道德、家庭道德有些滑坡等。针对这种情况，习近平在2015年春节团拜会上用了较长篇幅讲述了关于新时期家庭建设问题。他强调“不论时代发生多大变化，不论生活格局发生多大变化，家庭在国家和社会中的重要地位和作用不能变，并且要根据新的情况和问题，进一步把家庭建设好”。他提出了“家庭是人生第一学校、社会细胞、国家基点”的家庭定位，提出了“注重家庭、注重家教、注重家风”的家庭建设任务，提出了家庭建设的目的是“促进家庭和睦、促进亲人相亲相爱、促进下一代健康成长、促进老年人老有所养”。习近平的重要讲话为新时期家庭建设指明了方向。

家庭规，齐家绳；定其位，责任明。

立家德，树家风；重家和，万事兴。

懂礼仪，讲礼貌；明法律，守法条。

重家教，育人才；重健康，寿命长。

价值观，指航向；家美德，应弘扬。

外先进，应借鉴；民主制，要事商。

讲德治，讲法治；二者合，治家策。

新目标，幸福家；中国梦，兴华夏。

注释：

家庭规：家庭建设的规则、规范。

齐家绳：管理或治理家庭的准绳。

定其位：其：家人。确定家人的位置。

价值观：指社会主义核心价值观，“富强、民主、文明、和谐；自由、平等、公正、法治；爱国、敬业、诚信、友善”。出自中共十八大报告。

家美德：指中华民族传统家庭美德。

外先进：指外国值得学习和借鉴的先进文化。

民主制，要事商：指家庭要发扬民主，重要事项民主协商。

幸福家：指对家庭生活、境遇比较称心如意。主要包括家人生活不断改善、精神比较愉悦、关系比较融洽、子女比较优秀、身体比较健康等方面。

中国梦：指实现中华民族的伟大复兴。基本内涵是“实现国家富强、民族振兴、人民幸福”。基本目标是“到中国共产党成立100年时全面建成小康社会，到新中国成立100年时建成富强、民主、文明、和谐的社会主义现代化国家”，最后建立伟大的社会主义强大国家。出自习近平2012年11月29日在参观《复兴之路》展览时的讲话。

解读：

家庭规即家庭的行为规范及准则。《家规三字文》主要包括七个方面的内容：确定家庭成员的位置，明确责任义务；确立家庭道德，树立良好家风；理顺家庭关系，促进家庭和谐；懂得家庭礼仪，讲究礼节礼貌；明确家庭有关法律，倡导依法办事；重视家庭教育，培养优秀人才；重视健康管理，促进家人健康长寿。

根据习近平关于家庭建设重要讲话精神，联系当代家庭建设出现的新情况、新问题，《家规三字文》还提出了培育和弘扬社会主义核心价值观、传承中华民族家庭传统美德、借鉴外国先进文化、坚持民主协商、建设幸福家庭五个方面的齐家方略。其中，社会主义核心价值观是现代家庭建设的指导方针，传承中华民族家庭传统美德、借鉴外国先进文化、坚持民主协商是现代家庭建设的重要原则，建设幸福家庭是现代家庭建设的目标。《家规三字文》既传承和弘扬了我国优秀的家庭文化，又汲取和注入了新的时代精神，直面问题，对建设幸福家庭，实现中华民族伟大复兴的中国梦具有积极的作用和意义。

二、责任

家中人，各有位；明身份，尽责任。

夫与妻，责任同；互忠实，互尊重。

互关照，互扶养；家中事，共担当。

生儿女，国有法；应遵守，有计划。

父母责，善子女；应抚养，应教育。

未成年，应监护；残疾人，应保护。

子女责，善父母；应赡养，应扶助。

孙子女，祖父母；有能力，互照顾。

亲姊妹，同胞情；大应爱，小应敬。

有困难，互帮助；按规定，尽义务。

非血缘，一家人；依法律，尽其任。

人结婚，两家亲；互照看，是责任。

注释：

各有位：指家人在家庭中各自的位置。

互忠实，互尊重：依据《中华人民共和国婚姻法》第四条：“夫妻应当互相忠实，互相尊重。”

互扶养：依据《中华人民共和国婚姻法》第二十条第一款：“夫妻有互相扶养的义务。”

应抚养，应教育：依据《中华人民共和国婚姻法》第二十一条第一款：“父母对子女有抚养教育的义务。”

应监护：依据《中华人民共和国未成年人保护法》第十条：“父母或者其他监护人应当创造良好、和睦的家庭环境，依法履行对未成年人的监护职责和抚养义务。”

应保护：依据《中华人民共和国婚姻法》第二十三条：“父母有保护和教育未成年子女的权利和义务。”

孙子女，祖父母；有能力，互照顾：指孙子女和外孙子女，祖父母和外祖父母，按照法律，如果有能力也有相互抚养照顾的责任。依据《中华人民共和国婚姻法》第二十八条：“有负担能力的孙子女、外孙子女，对于子女已经死亡或子女无力赡养的祖父母、外祖父母，有赡养的义务。”“有负担能力的祖父母、外祖父母，对于父母已经死亡或父母无力抚养的未成年的孙子女、外孙子女，有抚养的义务。”

应赡养，应扶助：依据《中华人民共和国婚姻法》第二十一条第一款：“……子女对父母有赡养扶助的义务。”

按规定，尽义务：指兄弟姐妹之间，各自有负担能力，按照有关法律规定尽到应当的义务。依据《中华人民共和国婚姻法》第二十九条规定：“有负担能力的兄、姐，对父母已经死亡或父母无力抚养的未成年的弟、妹，有抚养的义务。由兄、姐抚养长大的有负担能力的弟、妹，对于缺乏劳动能力又缺乏生活来源的兄、姐，有抚养的义务。”

非血缘，一家人；依法律，尽其任：指养父母和养子女、继父母和继子女，依据法律应尽到家庭责任。依据《中华人民共和国婚姻法》第二十六条第一款："国家保护合法的收养关系。养父母和养子女间的权利和义务，适用本法对父母子女关系的有关规定。"《中华人民共和国婚姻法》第二十七条第二款："继父或继母和受其抚养教育的继子女间的权利和义务，适用本法对父母子女关系的有关规定。"

解读：

建设治理好家庭，首先家庭成员应确定好各自的位置，明确各自的身份，尽到自己的责任。定位准确，责任明确，则家事顺达，家内安和，不然则会出现矛盾。依据《中华人民共和国婚姻法》和有关法律规定，《家规三字文》进一步明确了家庭成员中丈夫与妻子、父母与子女、兄弟姐妹、祖父母与孙子女以及非血缘关系成员的家庭责任，即夫妻应互相忠实，互相尊重；父母应善待子女，对子女要抚养、教育好，特别是对未成年子女要履行好监护的责任，对有残疾的子女要履行好保护的责任；子女应善待父母，对父母要承担赡养和扶助的责任；祖父母、外祖父母与孙子女、外孙子女，以及非血缘关系的家庭成员中的养父母与养子女、继父母与继子女，要依法承担起法律赋予的家庭责任。兄弟姐妹之间应互爱互敬，并要承担起法律规定的有关家庭责任。

每个人，多身份；多权益，多责任。

各权益，应维护；各责任，应到位。

在何位，尽何责；勿不及，勿推脱。

主事人，家中心；或父母，或他人。

善民主，会协调；善决定，表率好。

建设家，靠全家；同心力，定齐家。

注释：

多权益，多责任：一个人在家庭中有多种身份或角色，每个角色都有其相应的权益、责任。

各权益，应维护：家庭中每个人，特别是老人、妇女、儿童等，法律都规定了相关权益，这些权益都应该得到维护。

勿不及，勿推脱：不能尽不到责任，也不能推脱自己的责任。

主事人：主持家庭事务的责任人。

解读：

每个成员在家中都具有多重身份，多种角色。如家庭中的男人和女人，一般结婚前在家中为儿子为女儿，为兄弟姐妹；结婚后便成了他人的丈夫、妻子、女婿、媳妇；有了孩子又成了父亲、母亲等多重身份或角色。每个人处于一定的位置时，则以该位置的身份行事，尽到相应的家庭责任。

家庭中的老人、妇女、儿童等，都有法律规定的权益，应该依法维护好他们的权益，这也是家庭及其每个成员的责任。

俗话说，家有千口，主事一人。很多经验证明，一个家庭要建设治理好，家庭主事人很关键。主事人是家庭的中心，中心存，则家人聚；中心强，则家事旺。主事人一般由父母担当，有的父母难以担当的，也可以由家庭中具有较大影响力的人担当。主事人应该善于发扬民主，听取家人意见，具有协调沟通能力，敢于和善于拍板，决定家里较大事项。主事人应成为家人的表率。家里其他人则要积极配合支持主事人，处理好家庭有关事务和问题。建设幸福家庭，是每一个家庭成员的共同责任，靠全家同心协力，持家兴家。

三、道德

（一） 家庭美德

1. 男女平等

男与女，应平等；平等权，法规定。

男女合，撑家天；女一半，男一半。

旧社会，重视男；轻女性，旧观念。

新社会，男女同；权利同，义务同。

大男子，大丈夫；旧传统，应革除。

男对女，应善待；多理解，多关怀。

新女性，应独立；勿自卑，勿自弃。

生男女，都一样；同抚育，共教养。

注释：

道德：道德是一种社会的意识形态，是人们共同生活及其行为的准则与规范。

男与女，应平等：是我国婚姻家庭的一项重要制度。依据《中华人民共和国婚姻法》第二条第一款："实行婚姻自由、一夫一妻、男女平等的婚姻制度。"

旧社会：指 1949 年新中国成立以前的社会。

新社会：指新中国成立以后的社会主义社会。

新女性：新中国成立后，特别是改革开放以后新时代的女性。

解读：

道德是人们共同生活及其行为的准则与规范，是社会的一种意识形态。道德涉及社会的方方面面，主要包括做人道德、家庭道德、职业道德、公共道德以及其他社会道德等。道德具有一定的社会性，不同的社会有不同的道德。我们国家是共产党领导下的社会主义社会，应培育和践行社会主义核心价值观，坚持和倡导社会主义道德，传承和发扬中华民族优秀传统美德。

家庭道德是一个家庭的灵魂，要管理建设好一个家庭，首先应紧紧抓住培养和树立良好家庭道德这个根本。良好家庭道德或者说家庭美德，主要包括男女平等、尊老爱幼、夫妻和睦、勤俭持家、邻居团结等。

男女平等既是现代家庭道德的重要问题，也是家庭成员必须遵守的法律原则。男女平等，我国宪法及婚姻家庭的相关法律都有明确规定和要求。当代社会男女应平等，男与女在家庭里具有同等的地位和作用，女人是家庭半边天，男人是家庭另一半天，男女共同支撑着家庭这一片蓝天。我国封建社会历史上长期存在着重男轻女的旧观念、旧思想，新社会我国建立了社会主义制度，实行男女平等，男女享有同样的权利和义务，妇女得到了解放，但是，由于封建主义残余思想的影响，有的人还存在着大男子主义、大丈夫主义等旧的传统观念，这些旧观念应该彻底破除。新的社会和时代男性应更多地善待女性，更多地理解和关怀女性。现代女性应自尊、自信、自立、自强，努力学习，不断提升自己，具有独立、自主的生活和工作能力，勇于担当起家庭和社会的责任。在生育上，生男生女都一样，无论男孩女孩都应精心抚育和教养。

2. 尊老爱幼

尊敬老，爱护幼；老幼安，家无忧。

老有养，老有依；老有居，老有医。

国家养，社会养；居家养，共保障。

子女孝，亲应慈；爱子女，义不辞。

幼有养，幼有护；幼有教，幼有助。

老吾老，人之老；幼吾幼，人之幼。

老与小，皆是宝；应呵护，应关照。

敬师长，尊其教；求知识，学其道。

注释：

子女孝，亲应慈：出自《礼记·礼运》："何谓人义？父慈，子孝，兄良，弟悌。"意思是：子女应孝敬父母，父母应关爱子女。

老吾老，人之老；幼吾幼，人之幼：出自《孟子·梁惠王》："老吾老，以及人之老；幼吾幼，以及人之幼。"意思是：尊敬、孝敬自己的老人，也要尊敬和孝敬其他的老人；爱护、关照自己的小孩，也要爱护和关照其他的小孩。

敬师长，尊其教：尊敬老师和长辈，尊重他们的教诲和教导

学其道：学习师长传授的知识、道理、品德和能力。

解读：

尊老爱幼是中华民族优秀的传统美德，同时也是法律规定的公民义务和全社会的共同责任。《中华人民共和国婚姻法》明文规定"家庭成员间应当敬老爱幼"，未成年人保护法和老年人权益保障法，分别都有专门规定。

注重尊敬长辈和老师，爱护幼子和晚辈，几千年来，不断传承，经久不变。现在我国已进入老龄化社会，超过 60 岁的人口已突破

2.12亿，其中65岁以上老人已达13700多万，占总人口的10.1%。养老问题日渐突出。我国的养老体制是国家、社会、家庭三位一体，相辅相成。其中家庭养老是基础，最为普遍，至关重要。每个家庭和个人应与国家、社会密切配合，使老有所养、老有所依、老有所居、老有所医。使老年人能够享受晚年的幸福。儿童是祖国的花朵，国家的未来和家庭的希望。每个家庭和个人都应爱护好年幼的一代，使年幼的孩子切实得到良好的抚养、教育、保护和帮助。

“老吾老，人之老；幼吾幼，人之幼。”老人和幼儿都是家庭和国家的宝贵财富。尊重自家的老人，还要进而尊重别人家的老人；爱护自家的小孩，也要进而爱护别人家的小孩。在社会上要自觉遵守社会公德，像照料自家老人和孩子一样，扶老携幼，奉献爱心。在学校要尊敬老师，尊重他们的劳动和传授的知识，同时还要尊敬社会上其他的长辈，虚心听取长辈的教诲，学习长辈优秀的品质和经验，以丰富自身的阅历，提高自身的素养和能力。

3. 夫妻和睦

结婚姻，成夫妻；家核心，最亲密。

关乎老，关乎小；夫妻和，阖家好。

夫妻间，应忠诚；洁自好，其身正。

夫妻爱，应专心；勿厌旧，勿喜新。

互信任，互勉励；守誓言，勿猜疑。

互关心，互尊敬；心相印，同偕行。

家里事，共商量；难同当，福同享。

工作事，互帮忙；共创业，家兴旺。

注释：

洁自好，其身正：出自《孟子·万章上》：“归洁其身而已矣。”意思是：自己保持洁身自好，身心端正。

心相印，同偕行：夫妻同心同德、心心相印并肩前行。

解读：

男女结婚成为夫妻，一个新家随之建立。夫妻是这个家庭的核心，也是这个家庭最亲密的成员。夫妻关系的好坏直接影响到老人、孩子和家庭的幸福。无数事实证明：夫妻好合，家人快乐；夫妻和睦，家庭幸福！

百年修得同船渡，千年修得共枕眠。婚姻郑重严肃，来之不易，夫妻都应备加珍惜。夫妻之间要不忘记爱情的初心，信守结婚时的誓言，永远相爱，永远相伴；要心存爱情的诚心，互相尊重，互相忠诚，洁身自好，行为端正；要坚持爱情的恒心，不喜新厌旧，不互相猜疑；要保持爱情的温馨，互相鼓励，互相关心，相敬如宾，偕行并进。家里的事，夫妻间应共同协商解决，有福同享，有难同当，做到欢乐时同吃山顶草，伤悲时共饮河中水。工作上的事，应互相支持，互相帮助。共同创业，同心偕行，共同建设美好幸福的家庭，使家兴事旺。

4. 勤俭持家

勤与俭，家之宝；俭养德，天酬劳。
览古今，多少事；成勤俭，败奢侈。
家致富，靠勤劳；勇吃苦，肯动脑。
农不勤，庄稼荒；工不勤，企不旺。
商不勤，难兴隆；家不勤，必受穷。
勿投机，勿取巧；勿偷懒，勿啃老。
家中活，杂细繁；积极做，主动干。
家中物，勤收拾；既整洁，又舒适。
一粒米，一度电；一滴水，应节俭。
适消费，量力行；勿攀比，勿追风。
吃穿用，应简约；勿奢靡，勿摆阔。
旧衣物，可捐赠；周济人，即善行。
饭与菜，应适量；吃不了，勿倒掉。
勤开源，俭节流；尚勤俭，品德优。

注释：

俭养德：出自三国诸葛亮的《诫子书》："静以修身，俭以养德。"意思是：俭朴可修养优良的道德品质。

天酬劳：成语"天道酬勤"的意思，即只要付出勤奋，就会得到应有的酬劳。

成勤俭，败奢侈：出自唐朝诗人李商隐诗《咏史》："历览前贤国与家，成由勤俭败由奢。"意思是：

勤俭可获成功，奢侈引发衰败。

适消费：适度消费。

应简约：应简洁节约。

周济人：接济、救济人。

解读：

勤俭持家是中华民族的优良传统，是持家兴家的法宝。“天道酬勤”。一分耕耘一分收获。勤劳可以创造财富，尚俭可以节约资源。勤俭还可修养家人的道德，培育良好家风。通观古今中外、正反两方面的实例，都说明勤俭可成事，奢侈则败家。农勤庄稼长、工勤企业旺、商勤生意隆、家勤不受穷，这是一个普遍的真理。幸福家庭一个重要方面，就是家庭经济应比较富裕，现在国家允许和倡导家庭富裕，但一定要靠自己的双手，勤劳致富，靠自己的真正本领和能力致富，不能投机取巧，搞歪门邪道，否则可能是“偷鸡不成蚀把米”。家人特别是青年要勤奋学习，肯动脑筋，努力工作，不怕吃苦，不能偷懒，更不能做“啃老族”。家里的事务很繁杂，家里每个人都要积极做、主动干，共同维护和营造好这个家庭。

改革开放以来，我们的国家相对富裕了一些，大多数家庭过上了小康生活，但是节俭的品德不能丢掉。现在有些人，特别是有的青年人生活奢侈，浪费严重。2013 年 1 月新华网报道：“有数据显示，我国每年浪费食物总量折合粮食约 500 亿千克，接近全国粮食总产量的十分之一。即使按保守推算，每年最少倒掉约 2 亿人一年的食物或口粮。”我们一定要深刻认识中国国家大、底子薄、人口多、资源缺的基本国情，一定要深刻认识一粒米、一度电、一滴水，都是劳动人民用辛勤的汗水换来的，实属来之不易。要进一步增强节俭意识，无论在任何时候、任何情况下，都要牢固树立节约光荣、浪费可耻的思想，崇尚节俭，杜绝浪费。要适度消费，量力而行，不攀比，不追风。吃穿用要尽量简洁、节约。饭菜要适量，不要浪费。旧衣物如果还能适用，应救济他人，多行善事。勤与俭两个方面都要兼顾，勤劳可以创造财富，节俭可以节约资源，勤俭持家才能使家庭生活不断富裕，越过越好。要从我做起，从现在做起，从小事做起，培养和发扬勤俭持家的传统家庭美德。

5. 邻居团结

邻里间，住一起；是缘分，应珍惜。
常见面，应问好；讲礼节，有礼貌。
相互间，多包容；勿说西，勿道东。
效古人，六尺巷；遇利益，互谦让。
邻家事，应关注；如需要，尽力助。
公共区，同维护；环境美，心舒服。

注释：

缘分：中国传统文化和佛教的一个抽象概念，是一种人与人之间无形的联结。这里指邻居缘分。

六尺巷：出自《桐城县志》记载的桐城六尺巷故事：两家邻居互相体谅，互让宅地而形成的一条街巷。资料显示历史上还有另外6个地方有六尺巷。现多以六尺巷说明“大度做人，克己处事”。

公共区：泛指公众共有共享的活动区域。这里指邻居间公共的活动区域。

解读：

邻里间住在一起，是一种缘分，虽然非亲非故，但应珍惜缘分，重情重义，搞好团结。邻居间应互相尊重，以礼相待，讲究礼节、礼貌，友好相处。邻居家有了事情或困难，如果需要应互相帮助，互相关照。不同的家庭相邻而住，各家情况不同，应求大同，存小异，互相谅解，互相包容，切勿说西道东，影响团结。另外，还要共同维护和管理好住宅内或周围的公共区域，营造友善的邻里关系和美好的邻居环境。

古代有邻里遇到宅地纠纷，主动谦让，形成“六尺巷”的故事，令世人传颂。当今我们要很好地学习和发扬这种传统家庭美德，邻里出现矛盾，遇到纠纷，要主动化解，相互谦让。让，不是无能，不是低人一等，而是胸怀宽阔，气量大度，道德高尚。邻里纠纷“进一步”则难解难分，“退一步”则各得其所。遇事要设身处地为对方着想，与人方便，与己方便。同时，要严以律己，主动承担责任，多做自我批评。这样以来，邻里便能和睦相处，对各家的生活、学习、工作都有益处。反之，邻里关系处理不当，不仅会影响各家安定，而且还会败坏社会风气。

（二）做人品德

1. 爱国

爱祖国，存忠心；忠于国，忠于民。

旧中国，帝官封；国家弱，人民穷。

国遭侵，受凌辱；民遭殃，受疾苦。

新中国，新制度；民站起，国渐富。

新时期，新长征；国繁荣，盛世平。

史证明，道路正；“四自信”，须坚定。

国有难，勇奉献；民有难，力承担。

勇捍卫，国权利；严保守，国秘密。

唱国歌，庆国庆；升国旗，怀国情。

时空变，代际变；中国心，永不变。

注释：

帝官封：帝国主义、官僚资本主义、封建主义。

新制度：社会主义制度。

新长征：社会主义改革开放新的伟大事业。

四自信：出自习近平《在庆祝中国共产党成立95周年大会上的讲话》：道路自信、理论自信、制度自信、文化自信。

国权利：指国家的主权和根本利益。

代际变：一代人与一代人之间的变化。

解读：

品德是做人的根本。一个人来到这个世界，要在这个世界上立足于身，立稳于世，首先就要加强道德修养，树立良好的道德品质，只有这样才能做一个真正的好人，一个有益于家庭、有益于他人、有益于国家、有益于人民、有益于社会的人。这样的人就要做到心系“五爱”，心存“五心”，即：爱国家，存忠心；爱家庭，存孝心；爱他人，存诚心；爱事业，存敬心；爱社会，存善心。

爱国是中华民族的优秀文化，是社会主义核心价值观的重要内容，是调节个人、家庭与国家之间关系的道德要求和政治原则。旧中国由于“帝、官、封”的压迫和剥削，国家贫弱，遭受凌辱、侵略，人民艰难困苦，饱受祸端、折磨。后来，在中国共产党的领导下推翻了压在人民头上的“三座大山”，建立了新中国，建立了社会主义制度，国家逐渐富强，人民逐渐富裕。特别是实行改革开放，我国进入了社会主义现代化建设新的时期，国家经济繁荣，政治稳定，社会和谐，人民幸福。无数事实雄辩地证明，特别是100多年中国革命和社会主义建设的历史，尤其是改革开放的历史证明，只有共产党，才能救中国，只有在中国共产党的领导下，坚持走中国特色社会主义道路，坚持中国特色社会主义理论体系，坚持中国特色社会主义制度，坚持中国特色社会主义文化，才能发展中国，实现中国的伟大复兴，使国家繁荣富强，使人民幸福安康。因此，我们每个人无论任何时候、任何情况下，都应坚持中国特色社会主义道路自信、理论自信、制度自信、文化自信，坚定不移，绝不动摇！

民乃国之本，爱国应爱民。人民是历史发展的真正动力。中华民族是一个勤劳、勇敢、智慧的民族。我们热爱祖国，一定要热爱祖国的人民，无论在任何地方、做任何工作，都应认真履行一个中国公民应尽的责任和义务，勤勉努力，全心全意为人民服务，不断促进国家的发展，坚决维护国家的稳定，捍卫国家的权益，保守国家的秘密。做到国有难勇奉献，民有难勇效力。平时要增强国家意识，热爱祖国，把象征国家的国旗、国歌、国庆节等融入个人和家庭生活。无论发生什么变化，无论身在何地，都要始终保持一颗中国心，爱我们的国家，爱我们的人民，为振兴中华，实现中华民族伟大复兴的中国梦而不懈努力！

2. 孝敬

爱家庭，存孝心；遵孝道，德之本。

羊跪乳，鸦反哺；人不孝，不如禽。

十月胎，予以命；非父母，无自生。

婴幼时，昼夜喂；保儿洁，受尽累。

教走路，教说话；教识字，陪玩耍。

教自理，教做人；疼冷暖，操碎心。

稍不适，亲心悸；昼不安，夜不息。

子长大，离家门；安与康，亲挂心。

父母恩，重如山；父母情，深似海。

做儿女，应感恩；竭其力，尽其心。

注释：

遵孝道，德之本：出自《孝经·开宗明义章第一》：“子曰‘夫孝，德之本也，教之所由生也’。”意思是：百善孝为先，孝为德之本。

羊跪乳，鸦反哺：出自《增广贤文》：“羊有跪乳之恩，鸦有反哺之义。”类比人应孝顺、感恩父母。

人不孝，不如禽：出自清代王中书《劝孝歌》：“若不尽孝道，何以分人畜？……人不孝其亲，不如禽与畜。……人不孝其亲，不如草与木。”意思是：人当尽孝，人不孝连禽兽都不如。

无自生：没有自己的生命。

亲心悸：指父母亲心里害怕、不安。

竭其力，尽其心：出自《论语·学而篇》：“事父母，能竭其力。”意思是：竭尽心力，孝敬父母。

解读：

家庭是爱的港湾，一个人对家庭的爱，最主要的体现在对父母的孝心上。孝敬父母是中华民族传统家庭美德，是做人最根本的优秀品德。作为子女，要安身立世，孝敬父母是第一位的。乌鸦和羊羔还知道感恩父母的哺养之恩，人为万物之灵，更应孝敬父母，不忘父母的恩情。要知道正是母亲的十月怀胎，才孕育了我们的生命。当我们呱呱落地，来到这个世界，是父母日夜照顾，为我们精心喂养保洁。父母教我们说话、走路、识字、学文化，并且陪我们活动、锻炼、玩耍。我们身体稍有不适，父母则心神不定，食不香，昼不安，夜难寝，想尽一切办法，或调理，或就医。我们离家在外，父母无时无刻不担心我们的平安与健康。父母还教我们如何生活、如何做人、如何学习、如何自理，真可谓是含辛茹苦。把子女拉扯大，培养成人，生养之恩重如山，爱子之情似海深，教育之功比天大。作为儿女，面对父母，如果不孝，实在是禽兽不如，无法站在父母、家人和世人面前。“慈母手中线，游子身上衣。临行密密缝，意恐迟迟归。谁言寸草心，报得三春晖。”作为儿女一定要有一颗感恩的心，要孝敬父母，用实际行动报答父母的养育之恩。

感恩是对别人所给的帮助表示感激，并回馈他人。我们要有一颗感恩的心，在家要感激父母，孝敬老人，在外要感激一切为我们提供帮助、为我们做出付出的人。在日常生活中，在人生征途中，我们每个人可能有这样那样的不满意、不满足，但都不应有任何抱怨，任何奢求。因为我们每个人生活在这个世界上，得到和享受到大自然、社会和他人给予的东西太多了。没有他们，我们就没有生命；没有他们，我们就不能生存；没有他们，我们就没有快乐和幸福；没有他们，我们就不可能成事成人。总之，没有他们给予的一切，就没有我们现在的一切。要有一颗感恩的心，不仅仅表现在言语上，更要落实在行动上。不仅要说得好，更要做得好。我们每个人对于一切帮助过自己，并为自己做出付出的人，要用真诚的奉献来回报他们。这种奉献和付出在一定意义上讲又是施恩，但作为施恩的人不应追求回报，因为欲求回报的人，不是真心的施恩，那将活得更累。施恩不图报，受恩不忘报，这才是正确的感恩观，感恩的真谛！

树欲静，风不止；唯行孝，不能迟。

古黄香，能温席；现代人，当学习。

孝父母，首心诚；言必尊，行必敬。

父母话，须恭听；知其意，践其行。

父母教，须静听；勿嫌烦，勿任性。

父母累，应分担；家务活，主动干。

父母病，心担忧；及时治，好服侍。

父母老，易孤单；常问候，多陪伴。

父母日，应牢记；尽孝心，以慰藉。

父母好，力为具；使其悦，随其意。

注释：

树欲静，风不止：出自西汉《韩诗外传》：“树欲静而风不止，子欲养而亲不待。”意思是：树想要静止，风却不停地刮动它，使其停不下来。比喻人子孝亲要尽早，因为父母一天天变老或离去，这是不以人的意志为转移的客观规律，因此人要及时行孝。

古黄香，能温席：出自《初刻拍案惊奇》卷十三：“……扇枕温衾，也难报答万一。”说汉代人黄香，九岁时懂得孝顺长辈，冬天用身体为父母暖被，好让父母温暖就寝。

须静听：必须静下心来，专心致志地听。

父母日：父母的生日。

父母好，力为具：出自《弟子规》：“亲所好，力为具。”意思是：父母有哪些喜欢的东西，哪些爱好，要尽力予以满足；父母有哪些愿望，要想办法帮助实现。

使其悦，随其意：出自《礼记》：“孝子之养老也，乐其心不违其志，乐其耳目，安其寝处。”意思是：让父母心情快乐，达到满意。

解读：

“树欲静而风不止，子欲养而亲不待”。任何事物都有其发展的客观规律，在孝敬父母上也一样。人一生中要办的事情很多，有些可早可缓，但唯独行孝不能忽视、延迟。因父母逐渐变老，一旦父母不在了，再想孝敬父母已经晚了。古代的黄香九岁时在冬季以身为父母暖被，孝敬父母。现代的子女在孝敬父母方面，应该做得更好。孝敬父母，首先要心诚，并在一言一行中真正体现对父母的尊敬。对父母的话要恭敬听取，并认真领会、践行。对父母的教育要静下心来专心致志地听，不要嫌父母唠叨而不耐烦，甚至固执己见、任性。父母工作和操持家务累了，要主动做一些事情，尽量减轻父母的劳动、辛苦。父母有病时，容易为自己的身体担忧，做儿女的应好生服侍，及时协助到医院诊治。父母年老时，容易产生孤独感，应经常问候，常回家看看，好好陪伴。子女应记住父母的生日并为父母庆贺，从精神上给父母以慰藉。父母平日有什么爱好和愿望，应想办法尽力做好，让父母高兴，随其心意，让其满意。

父母想，子安康；家和睦，事业强。

不逾矩，走正道；亲不忧，皆为孝。

父母过，谏使更；方法好，态度诚。

谏不入，暂且缓；待时机，复再谏。

父母逝，尽孝意；应简朴，且合礼。

常怀念，思家训；继遗志，传德魂。

注释：

不逾矩：出自《论语·为政》："七十而从心所欲不逾矩。"指不越出规矩。

亲不忧，皆为孝：子女的言行践行道德，照顾好自己，不让父母亲担忧，就是孝。

父母过，谏使更：引自《弟子规》"亲有过，谏使更；怡吾色，柔吾声"。指发现父母的过错，应向父母提出自己的意见和建议，促使其改正。

谏不入，暂且缓；待时机，复再谏：如果父母一时想不通，接受不了子女的建议，那就暂时放一放、缓一缓，等待合适的时机再提出，以帮助他们改正自己的过失和错误。

解读：

父母最大的心愿，是希望子女身体健康，家庭和睦，工作顺利，事业有成，遵守法律和规矩，走正路。作为子女，按照父母的心愿努力做好，免除父母的牵挂和担忧，就是对父母的孝敬。子女发现父母有什么过错需要改进时，应积极提出意见和建议，帮助父母改进，但要态度诚恳，注意方式方法。如果父母一时听不进去，不能接受，那就暂时放一放、缓一缓，耐心等待，找合适的机会再提出。这也是对父母的孝敬。父母逝世，子女要尽到孝心，但后事办理应遵循国家有关规定，做到既简单朴实，又符合礼仪，使家人安心，逝者安息。子女及家人要经常怀念父母的恩情，铭记父母生前的教诲，继承他们的遗志，特别是要把父母优良的品德，一代一代传下去。

3. 诚信

爱他人，存诚心；既诚实，又守信。

外于信，内于诚；表里一，人品正。

人无信，不可立；车无輗，不可启。

诚信者，首心正；思无邪，乃至诚。

凡出言，信为先；勿诈语，勿妄言。

留余地，勿轻诺；言必信，行必果。

人世间，人言杂；善分析，识真假。

无根据，应慎言；勿轻信，勿乱传。

彼说长，此说短；勿咬耳，勿传言。

求知识，问不耻；勿虚伪，勿装知。

无真才，南郭人；欺人者，无人信。

重实事，且求是；尚实干，戒空谈。

注释：

人无信，不可立；车无輗，不可启：出自《论语·为政》：“人而无信，不知其可也。大车无輗，小车无軏，其何以行之哉？”意思是：人要是不讲信用或失去了信用，就不能立身于世，就像大车没有车辕与车轭相连接的销子而难以行走一样。

思无邪：出自《诗经·鲁颂》“思无邪”。孔子曾引用“思无邪”

来评论《诗经》的内容纯正。意思是：思想纯正，没有邪恶的东西。

凡出言，信为先；勿诈语，勿妄言：引自《弟子规》：“凡出言，信为先；诈与妄，奚可焉。”意思是：与朋友和他人相处，凡是说出的话，首先要讲求信用，以诚相待；不能说谎话、假话欺骗人，也不能口无遮拦，胡言乱语。

言必信，行必果：出自《论语·子路》：“言必信，行必果，硁硁然小人哉！”意思是：说话必须守信用，做事一定要有始有终，即说到一定要做到。

咬耳：比喻与人悄悄说闲言。

无真才，南郭人：出自《韩非子·内储说上》：“齐宣王使人吹竽，必三百人。南郭处士请为王吹竽，宣王说之，廪食以数百人。宣王死，湣王立，好一一听之，处士逃。”比喻没有真才实学的人，在世上难有立足之地。

重实事，且求是：出自东汉班固《汉书·河间献王传》：“修学好古，实事求是。”意思是：尊重客观事实，而且研究、探索事物内在的规律。即“实事求是”。

解读：

一个人爱他人，爱朋友，就要对他人和朋友存诚心、讲诚信。人无信不立。诚信是做人的基本品德，人无论在什么时候，什么地方，都要讲诚信。诚信犹如大车之輗，至关重要。诚信者路好走，失信者路难行。讲诚信，首先应用心端正，诚心诚意。讲实话，讲真话，不说谎话、假话，不欺骗人，不能随心所欲、口无遮拦、胡言乱语。说话要留有余地，办事要尽心尽力；做不到的事，不要轻易许诺，承诺的事，就一定要兑现。做到言行一致，表里如一，说到做到。面对社会上错综复杂的情况以及人和事，要学会观察分析，善于辨别真假。要慎言慎行，对那些无根据的说法，不要轻易相信，更不要随意乱传。相互之间应互相学习，取长补短，不要在下面相互议论，更不要东家长西家短地犯自由主义。学习科学文化知识，要虚心，不要虚伪，要不耻下问，不要不懂装懂。现代社会各方面竞争都很激烈，需要真才实学，像古代南郭先生那样不会装会、滥竽充数，是混不下去的，要努力学习，不断提升自己。为人处世，要尊重事实，一切从实际出发，研究并按照客观规律办事，做到实事求是。要崇尚实干，力戒空谈，踏实做事。

针对当前社会诚信缺失的严重问题，最近国家发布了《社会信用体系建设规划纲要》（2014—2020 年），强调要以信用信息资源共享为基础，加强覆盖全社会的征信体系建设、法律标准建设和监管体制建设，发挥信用激励和惩戒机制的作用，让诚信者处处受尊，让失信者寸步难行，建立信用中国。我们要顺应历史发展的趋势，无论在任何时候、任何情况下，都要诚实守信。当前信息化社会，个人和家人不要在网上随意乱发帖子，同时要正确对待网上言论，吸纳正能量，对那些似是而非的网帖，不轻信，不追风。现在网络很发达，重大的诚信或失信事件，顷刻间传遍天下。我们每个人，一定要真诚做人，诚实待人，踏实做事，做一个诚信的人。

4. 敬业

爱事业，存敬心；爱其行，敬其岗。

敬业者，忠职守；尽职责，不疏漏。

在岗位，要勤勉；肯实干，不懒散。

勤学习，肯钻研；求甚解，力拓展。

学业务，学技术；益求精，切忌粗。

遇难题，勇攻关；能吃苦，不畏难。

力有限，时有限；业欲成，则在专。

勿求多，勿求全；多则扰，全不专。

有专攻，弃浮躁；事专注，成功道。

高标准，严要求；有作为，创一流。

注释：

业欲成，则在专：事业要想取得成功，就要专心致志，集中精力和时间。

有专攻：专心研究一门专业和技能。

事专注，成功道：做事专注是走向成功的道路。

解读：

敬业是干好事业，做好工作的基础，是社会主义核心价值观的重要内容，也是做人的优秀品德。如何做到敬业？首先，对自己所从事的事业和工作要心存敬心，干一行，爱一行，爱岗敬业，忠于职守，尽职尽责，做好工作。这不仅是为了自己个人和家庭生活，也是为了事业进步，为了国家和社会发展大业。其次，工作一定要勤奋。从古到今，无数事实证明：凡是有作为、取得成就的人，都是勤劳肯干、勇于吃苦的人。要勤于学习，努力学习有关业务、技术，肯于钻研，精益求精，并不断拓展自己的知识。最后，干事一定要专注。因为人的精力和时间是有限的，一个人要想在事业上取得成功，就要根据国家和社会需要以及个人爱好，学有专攻，研究和掌握一门专业和技能。这一点一定要目标明确，专心致志，勇于吃苦，攻关克难，持之以恒，努力成为某个行业或方面的行家里手、杰出人才，不达目的决不罢休。敬业不是这也想学，那也想干。“多则乱，全不专”。求多与求全都会干扰工作思路，分散精力，浪费时间。要排除一切干扰，去掉浮躁之风，聚精会神，脚踏实地，一个阶段，专注做一件事，必然取得成功。无数事实证明，这是一条通向成功的道路。要坚持高标准，严要求，有所作为，努力创造一流的成绩，做出一流的贡献。

5. 友善

爱社会，存善心；既友好，又善仁。

友善者，知善恶；利人善，损人恶。

善有报，恶有还；因果道，不可犯。

一良言，三冬暖；一恶语，六月寒。

尊重人，与人善；多点赞，少揭短。

言在理，人欣然；势欺人，人反感。

事顺者，成人美；事逆者，多鼓劲。

遇弱者，应保护；勿歧视，多帮助。

人有难，应支援；人有危，应勇为。

动植物，应爱护；生态和，环境舒。

注释：

因果道，不可犯：出自《缨络经·有行无行品》：“随其缘对，善有善报，恶有恶报。”指因果报应规律不可违背。做好事终究会有好的回报，做坏事终究会有坏的报应。

一良言，三冬暖；一恶语，六月寒：出自《增广贤文》“良言一句三冬暖，恶语伤人六月寒”。意思是：良言暖人，恶语伤人，说好话不说歹话。

与人善：出自《孟子·公孙丑上》："取诸人以为善，是与人为善者也。故君子莫大乎与人为善。"原意是：吸取别人的优点来行善，与别人一起来行善。这里指：以善心善意助人。

人欣然：出自《史记·吕太后本纪》："上有欢心以安百姓，百姓欣然以事其上，欢欣交通而天下治。"原意是：为官者爱护体恤百姓，百姓高兴做事，天下太平。这里指：言之有理，别人就高兴听，并愿意沟通。

事顺者，成人美：出自《论语·颜渊》："君子成人之美，不成人之恶。小人反是。"原意是：君子成全别人的好事，不促成别人的坏事。小人则与此相反。这里指：对做事顺利的人，要成就其好事。

生态和，环境舒：自然生态和谐，环境非常好。

解读：

人作为社会的一员，应热爱这个社会，具有一颗善良的心，与人友好，与人为善，并且要与大自然和谐相处。这既是社会与自然界发展的客观要求，又是社会主义核心价值观的重要内容，还是一个人应具备的基本品德。

要做到友善，首先，应知善恶。对社会上存在的各种现象，应分辨出哪些是善，哪些是恶。善则利人，恶则损人。要多做有利于他人、社会和自然界的善事，不做有损于他人、社会和自然界的恶事。善有善报，恶有恶报，善恶自有因果轮回规律，绝不要违反这一规律。其次，言应善。"良言一句三冬暖，恶语伤人六月寒"。因此，做人要尊重人、与人为善，多看别人的长处，少揭别人的短处。俗话说，有理不在声高。遇到问题要讲道理，以理服人，这样人们就会感到高兴、愉快，愿意接受。否则以势欺人，态度傲慢，人们不仅不愿意接受，甚至会遭人反感。再次，应行善。孔子曰：“君子成人之美，不成人之恶。”对待做事顺利，发展好的同事、朋友，特别是强于自己的人，要成就别人的好事，且不可有嫉妒之心，坏别人的好事。对待身处逆境，做事不顺的人，应该多给予支持和鼓励。对待弱者或弱势群体应予以保护和帮助，不应冷落和歧视他们。遇到有困难的人，要发扬助人为乐的精神，奉献爱心，从物质上精神上积极支援。发现有人身处危险，要敢于挺身而出，见义勇为，尽心尽力，积极救助，帮助脱险。另外，自然界的动植物与人类共同生活在一个地球上，同命相连，相互依存，我们要善待动物，善待植物，节约资源，保护环境，使我国的天更蓝、山更绿、水更清，生态和谐，环境美丽。

当前，国家强调要努力践行社会主义核心价值观，友好向善；强调人与自然、人与社会和谐发展。我们一定要心怀友善之心，多做友善之事，建好友善之家，争做友善之人，从大处着眼，从小事做起，积小善为大善，为促进社会友善、生态和谐、国家富强，做出应有的努力。

（三）修身进德

欲进德，在修身；修其身，正其心。

玉不琢，不成器；人不学，不知理。

读经典，见贤齐；用其道，匡正己。

多实践，多历练；修德行，增才干。

积跬步，至千里；成大事，见于细。

小事起，当下做；积百善，成大德。

注释：

修其身，正其心：出自唐代韩愈《原道》："欲修其身者，先正其心；欲正其心者，先诚其意。"指提高自身的素质，修炼自己的道德，首先要纯正自己的思想，使自己的心意真诚。

玉不琢，不成器；人不学，不知理：出自《礼记·学记》："玉不琢不成器；人不学不知道。"意思是：玉石不经过雕琢，就不会成为精美的器具；人不学习，就不懂得做人的道理。

见贤齐：出自《论语·里仁》："见贤思齐焉，见不贤而内自省也。"意思是：见到德才兼备的人就要学习，并努力赶上他。看见没有德行的人就要内心反省是否有同样的错误 。

用其道，匡正己：出自《韩非子》卷八："智短于自知，故以道正己。”意思是：用先进的文化、高尚的道德、优秀人物的标准来修正和规范自己。

积跬步，至千里：出自《北史·魏收传》：“跬步无已，至于千里。”意思是：行达千里，要从一步一步开始积累。

成大事，见于细：出自《老子》：“天下难事必做于易，天下大事必做于细。” 意思是：要成就大事，就要从每一件小事、每一个细节做起、做好。

积百善，成大德：出自《荀子·劝学》：“积善成德，而神明自得。”神明是一种精神境界。意思是：积累大量善行，能养成高尚的品德。

解读：

家庭的美德和做人的良好品德，不会自然形成，要靠个人及家人不断加强自身修养，不断提高自己的道德素质，逐渐养成。也就是说要修身进德。那么如何修身进德？一是要注重学习。人无生而知之，皆为学而知之。玉不琢不成器，人不学不知理。要结合实际，努力学习，学习中国优秀的传统文化，学习现代先进的科学文化知识，特别要注重经典著作的学习研读，用先进的文化和理论武装自己。同时，要向各方面的贤达人士学习，用他们的成功之道来修正自己，规范自己的言行。二是要在实践中多历练。“纸上得来终觉浅，绝知此事要躬行”。修身进德不能仅靠书本知识，不能空谈。要在实践中不断历练自己，经受风雨，多见世面，艰苦磨炼，经受考验。只有这样才能修成成果，增长才干，才能挑得起家庭和国家赋予的重担。三是要注意从小事做起，从现在做起。积小步可以行千里，积小溪可以成江海。凡大事都是由小事组成的，小事都是由许多细节组成的，只有把每一件小事、每一个细节做好，才能成就大事。日积月累，积小善而成大德，做一个道德高尚的人。

四、家和

（一）新问题

新形势，社转型；家多数，有新风。

老问题，仍不少；新问题，突显冒。

新老事，并交存；总体现，不和顺。

夫与妻，情不和；离婚增，弊端多。

为生活，亲在外；留守儿，缺乏爱。

现父母，缺教法；子不服，对立大。

子失教，染劣行；子犯事，家不平。

子结婚，即分家；远父母，顾小家。

缺孝敬，德滑坡；老弱人，后顾多。

兄弟间，失悌道；为私利，互争闹。

婆与媳，站位异；互抱怨，常怄气。

妯娌间，争高低；搞摩擦，互妒嫉。

家暴力，常打骂；严重者，事激化。

人不和，家难为；多原因，在思维。

思维正，家合美；思维错，家悲摧。

新思维，能开锁；家中和，全家乐。

注释：

社转型：主要指改革开放以后，我国经济社会发生重大转变。

现父母：指现在的年青父母。

子犯事：子女出错或犯罪。

远父母：出自《诗经·国风·邶风·泉水》：“女子有行，远父母兄弟。”《诗经·国风·卫风·竹竿》：“女子有行，远兄弟父母。”意思是：女子长大要出嫁到远方，远离父母兄弟。这里有两层意思：一是适龄男女结婚以后，自立持家过日子；二是一些青年夫妇疏远父母，甚至不照顾父母。

悌道：兄弟姐妹相互友爱，和睦相处。

思维：指人的头脑对五官所接触到的人、事、物的信息进行逻辑分析的属性、能力和过程。这里指家庭意义上的思维。

悲摧：出自《孔雀东南飞》：“阿母大悲摧。”原意是：母亲听后非常悲伤。一般表示不称意，不顺心。这里指家庭不和顺，不称心。

新思维：指综合运用正位思维、换位思维、辩证思维、道德思维和法律思维，解决现代家庭问题的新思维模式和方法。

家中和：指家里和睦、和谐。

解读：

改革开放以后，我国经济社会发生了诸多重大变化，特别是社会主义计划经济体制向市场经济体制的转型，大力推进“四个现代化”

和城镇化建设，经济取得了巨大成就，广大人民群众得到了实惠，生活有了极大的提高和改善等。这些对人们的思想和家庭观念、家庭生活及家庭关系，都产生了积极的影响。但是，社会转型，新的形势，也使人们的思想和家庭出现了许多新的矛盾和问题。现在家庭老的问题仍然不少，新的问题又凸现出来，新老问题交织并存，总的体现是不够和顺。具体表现：一是夫妻之间感情不和，离婚增多，夫妻离异，给家庭带来了很多问题，产生了诸多弊端。二是由于农民进城务工，使农村出现了众多留守儿童，他们长期缺乏父母的关爱，严重影响了孩子的健康成长。三是现在的父母大都望子成才心切，但缺少正确有效的教育方法，致使孩子不服，甚至父母与孩子严重对立。四是由于家庭和社会道德教育的缺失，致使有些孩子沾染了社会不良习气，滋生了一些不良习惯，甚至触犯了法律，走向了犯罪道路，使整个家庭不得安宁。五是现在的子女一旦结婚成家，一般就分家另居，只顾小家，不顾大家，只顾小孩，远离父母。有的全家围着一个孩子转，这样在与父母的感情上或在孩子的教育方法上也产生了新的矛盾。六是现在已进入了老龄社会，由于生育政策的影响，子女少了，一对夫妻要赡养四个老人，特别是这些年道德教育的滑坡，一些儿女不履行孝敬父母的义务，甚至出现呛老、厌老、弃老等现象，使不少老人存在后顾之忧。七是兄弟姐妹是一母同胞，本应互友互爱，但有的家庭因家庭财产等问题，互相争闹。八是不少家庭婆媳之间，由于血缘不同，站位不同，考虑问题的差异，相互关系不融洽，经常互相抱怨生气，甚至发生“婆媳战争”。九是妯娌之间，心胸狭隘，互不服气，互争高低，相互嫉妒，常闹摩擦。十是有的家庭暴力不断，父母经常打骂孩子，丈夫经常打骂妻子，致使矛盾激化，酿成家庭悲剧。

以上问题的存在，因各个家庭的情况不同，产生的原因也不一样。有的是因家庭不同成员的性格问题，有的是道德问题，有的是思想观念问题，有的是财产处理问题等。出现这些问题，每个家人都感到家庭不和，心气不顺，生气、怨气、憋气。对待这些问题，不少人感到老办法不行，新办法不灵，十分困惑。如何解决这些问题？不能脱离具体情况，空谈道理，应具体问题具体分析，采取不同方法进行处理，但不能就事论事、简单从事，应情理结合、入情入理。关键是要树立和掌握正确分析、处理家庭矛盾和问题的科学思维方式方法。思维方式正确，则家事和解，家人和谐；思维方式错误，则家事难解，家人纠结。端正思维方式，确立新的正确的思维方式，是建设快乐、和谐、幸福家庭的金钥匙。

（二）新思维

1. 正位思维

正位思，定好位；正身位，思责任。

家不和，多错位；错思维，错行为。

父母位，儿女位；丈夫位，妻子位。

姊妹位，祖孙位；婆媳位，翁婿位。

扪心问，可做好；未尽责，应检讨。

己有过，应认错；赔不是，定改过。

遇问题，勿自矜；多责己，少责人。

居本位，各尽责；齐协力，家人合。

注释：

正位思维：就是要按照自己在家庭中的正确位置（如父亲的位置、儿子的位置等），明确其责任规则，并按照其责任规则来思考和处理家庭中的有关问题。

扪心问：出自宋·宋祁《学舍昼上》“扪心自问何功德”。意为摸着胸口自我反省。

遇问题，勿自矜：出自《老子》：“不自矜，故长。”本意是：人不自负自夸，才能长久。这里指：遇到问题不过高估计自己，不自以为是，不自鸣得意，不一味埋怨别人。

多责己，少责人：出自《论语》“躬自厚而薄责于人”。意思是：多责备自己，少责备别人。

齐协力：齐心协力。

解读：

何为正位思维？就是要确定好自己在家庭中的位置，明确其责任规定，并按照其责任规定严于律己，认真思考、反省或检讨自己，改正自己的缺点，以此来处理和解决好家庭遇到的各种矛盾和问题。有不少人与家人发生矛盾，久未得到解决，其中一个重要原因，就是没有弄清或忘记了自己在家中的正确位置和责任，遇“事”不是查找自己的责任和问题，而是埋怨对方，强调对方的责任和过错。因此，总是与家里相关人员关系搞得很紧张。

家庭中每个人的位置、相互关系和责任，无论在道德层面，还是在法律层面，都有明确规定和要求。比如，父母对子女应慈爱，应抚养和教育子女，另外，对未成年人还有监护的责任，对残疾人还有保护的责任；子女对父母应孝敬，应赡养和扶助父母。夫妻是家庭中最亲密的关系，应相依为命，互相忠实，互相尊重，互相扶养。兄弟姐妹情同手足，应互友互爱，共同承担起孝敬老人的责任。婆媳、妯娌之间虽然没有血缘关系，但毕竟因为婚姻缘分而成为一家人，媳妇应孝敬公婆，公婆也应疼爱儿媳，妯娌间也应互尊互敬，友好相处。正人先正己。家人之间出现问题和矛盾，首先相关人员应扪心自问，检查自己是否尽到了自己应尽的家庭责任，并主动查找自身存在的问题和原因。如果自己没有尽到责任，应该主动检讨不足和过错，并主动道歉，努力改掉，不要责备别人。如果一方能这样严格要求自己，检讨自己，一般对方也会做出相应的正面的回应，双方都做自我批评，矛盾就不难化解，问题就不难解决。如果家庭每个成员都能端正自己的位置，尽到自己的责任，大家齐心协力，家庭就会和睦无忧。

2. 换位思维

求家和，换位想；心比心，气顺畅。
遇事情，为人想；多理解，多体谅。
看人长，多肯定；勿挑刺，勿嘲讽。
人不足，善提醒；多弥补，尽所能。
求大同，存小异；宽待人，严待己。
送玫瑰，有余香；多助人，共分享。
己不欲，勿施人；己所欲，乐善人。
你我他，一家亲；互换位，情更深。

注释：

换位思维：就是在遇到矛盾和问题时，宽以待人，站在对方或别人的位置上思考和处理问题，以增进相互尊重、理解和包容，达到化解矛盾、解决问题、改善和密切人际关系的一种思维方法。

送玫瑰，有余香：关心帮助别人的同时，自己也收获了快乐和喜悦。善待别人，就是善待自己。

己不欲，勿施人：出自《论语》："己所不欲，勿施于人；在邦无怨，在家无怨。"意为自己不愿意做的事情，也不要强求别人去做。

己所欲，乐善人：指自己想要做的事，就要乐意帮助别人。

解读：

俗话说，"要想公道，打个颠倒"。换位思维，就是在遇到矛盾和问题时，站在对方的位置或角度去思考和处理问题，以增进相互尊重、理解和包容，达到化解矛盾、解决问题、改善和密切人际关系的一种思维方法。

如何运用这种思维方法来处理家庭矛盾和问题呢？一是承认差异性，增强尊重性。家中遇到矛盾和问题，由于相关人员所处的位置不同，环境不同，站的角度不同，以及个人性格、文化素养、社会阅历等不同，对同一事物和问题的认识和看法难免存在一些差异，甚至持完全相反的意见。比如，男士和女士，老人和小孩，父母和子女，由于性别、年龄、代际以及所站的角度不同等方面的原因，他们在考虑问题、说话办事等，肯定不完全一样。因此，家里出现一些矛盾和问题是很正常的，关键是出现矛盾和问题后，相关方在一定程度上应站在对方角度来思考、认识和对待这些问题。这样相互之间就会增加一些理解、谅解和尊重。二是承认积极性，增强包容性。家里出现矛盾和问题，问题双方都会有一定的情况、理由和原因，相互间应多看到和肯定对方积极的方面，对于对方存在的不足和问题，求大同，存小异，不埋怨，不责备，多弥补，多包容。三是排忧解难，互相帮助。家里人难免都会有这样那样的困难和忧愁，相互间应相互关心，相互帮助，这样不仅帮助了别人，自己也会因此而感到欣慰和快乐，家庭关系就会更加融洽和畅通。四是以己推人，宽以待人。孔子曰：“己所不欲，勿施于人。”“己欲立而立人，己欲达而达人。”自己不愿做的事，也不要强求别人去做，自己要求别人做的事，首先自己要做好，以己推人，宽以待人，多为别人着想，少为自己打算。这是换位思维方法的真谛、核心，也是正确处理人际关系的黄金道德定律。如果大家都这样想、这样做，那么家人一定会和谐相处，家庭关系一定会越来越密切。家庭是一个整体，一个生命共同体，一家人血脉相连，命运相关，一定要相亲相爱，相互包容。

宽容是一种心态，是一种胸怀，是一种境界，同时也是处理人际关系的一个重要原则。每个人要与形色各异的人打交道，换位思维更容易快速与人促进理解，增进互信，融洽关系，搞好合作。

3. 辩证思维

世万物，动中变；辩证看，重发展。

和不同，同不和；家同体，求同和。

看他人，应客观；看主流，向前看。

有长处，有短板；多看长，少看短。

看自己，应从严；少看长，多看短。

取人长，补己短；短变长，则全面。

遇矛盾，细分析；勿简单，勿着急。

急则慢，速不达；善处理，和谐家。

注释：

辩证思维：这里指按照事物运动发展的客观规律，以发展变化的思维方式，认识和对待家人，分析和处理家庭问题。

和不同，同不和：出自《论语》：“君子和而不同，小人同而不和。”和：不同的方面、东西在一起，彼此之间相互配合，和谐发展。同：相同的方面、东西在一起，彼此之间完全相同。意思是：一家人应该和谐相处，但这种和谐不是无原则、无差异的一团和气，而是在各个人、各方面，彼此相互尊重、协调一致基础上的和谐。

家同体，求同和：家庭是一个生活共同体，不同人、不同方面、不同意见，应该协调互补，和谐相处。这也是家庭追求的一个目标。

解读：

世界上万事万物都是处在矛盾的运动、变化和发展之中，辩证思维方法，就是要遵循事物这一客观规律，来思考和处理各种矛盾和问题，以促进家庭的和谐建设。

如何运用辩证思维方法来认识和处理家庭矛盾和问题？一是要树立正确的家和观。家庭是由各个人及各方面组成的一个生活共同体。正确的家和观，是尊重和承认各个人、各方面的利益和意见，为维护和发展家庭的整体利益，相互协调配合，和睦相处，即和而不同。错误的家和观，则完全相反，它强调各个人、各方面意见无原则地完全一致，完全相同，实际上只是形式上的和，而不是真正意义上的和，即同而不和。我们要正确处理家庭的矛盾和问题，一定要辩证地认识和对待家庭的和与同，树立正确的家和观。二是要辩证地认识家庭成员位置和角色的变化和转换。比如，现在你在家里是媳妇，当你的孩子结婚后，你便转换成了婆婆。如果你现在是一个很孝敬的媳妇，当你成了婆婆后，你的儿媳妇也会效仿来孝敬你。如果你现在不孝敬婆婆，你的儿媳妇也会用同样的方式对待你。三是要客观辩证地看待家人和个人。家里每个人既有长处，又有短处，对他人要多看长处，少看短处，主要是看主流，向前看。对自己要多看短处，少看长处，取他人之长，补己之短。这样，自己的短处有可能转化为长处，自己的长处有可能发挥得更好，从而使自己得到更全面的发展。四是要辩证地对待和处理家中出现的矛盾和问题。一家人由于种种原因，难免会出现各种各样的矛盾和问题。当矛盾和问题出现后，要认真分析，采取正确的方法，妥善处理。小事不要拖，否则小矛盾可能变成大矛盾，小问题可能变成大问题。分歧大、一时难办的问题，也不要急躁，不要急于处理，可以适当放一放，待条件成熟时再做处理。这样，可能收到更好的效果。

4. 道德思维

德思维，讲道德；循德性，修功德。

积德家，余庆长；无德家，有余殃。

人伦理，崇仁善；仁者爱，爱则善。

爱子女，孝双亲；夫妻和，兄弟尊。

家人间，系亲情；亲情深，恩义重。

义与利，相联系；勿追利，忘了义。

融让梨，品高尚；重礼仪，互谦让。

德乃本，德即得；不求得，乃大德。

注释：

道德思维：就是站在道德的角度或高度，按照正确的道德观念和标准，对有关道德范围内的现象和问题，进行分析、比较和评估，进而做出正确、准确的判断，以约束和规范个人、家庭、社会的道德行为。这里侧重于用道德思维来认识、对待和处理家庭的人际关系。

积德家，余庆长；无德家，有余殃：出自《文言》："积善之家，必有余庆；积不善之家，必有余殃。"这里意思是：修善积德的家庭，必然有更多的喜事、好事；作恶无德的家庭，必然有更多的灾难、祸殃。

人伦理：指调整和规范家庭人与人之间关系的人伦道德，即“三伦”：夫妇、父子、兄弟之间关系的行为规范。

融让梨：出自《后汉书·孔融传》唐·李贤注：“《融家传》曰：年四岁时，与诸兄共食梨，融辄引小者。”东汉孔融4岁吃小梨，让大梨给兄长的故事，说明兄弟之间谦让、友爱，教育人要有谦让品德。

德乃本，德即得：出自《中庸》：“大德者必得其位，必得其禄，必得其名，必得其寿。”原意是：有崇高品德的人必然能得到与之相应的社会地位，必然能得到丰厚的俸禄，必然能得到美好的名誉，必然能得到长久的寿命。扩展含义：道德是做人和持家的根本，人有德就可以得到成功，家有德就可得到兴旺。

解读：

道德思维的方法，就是站在道德的高度，用道德的标准来指导、规正自己的言行，调解、规范家庭以及社会的人际关系。当前和今后一个时期就是要结合实际，大力弘扬和践行社会主义核心价值观，并以此来指导、调解和规范人与人之间的关系。

如何用道德思维的方法处理好家庭的关系？第一，应遵循家庭道德，特别是人伦道德。正确认识和处理好父母与子女、丈夫和妻子、兄弟姐妹这三方面的相互关系。父母慈爱，生育、养育、教育好自己的子女。子女孝敬自己的父母，尊敬长辈。夫妻相互忠实、尊重、抚养、爱护。兄弟姐妹互友、互爱、互帮。这些就是家庭最基本的人伦道德规范，也体现了中华民族“仁善”的传统美德。仁，“仁者爱人”，爱就要与人为善，善待他人。如果家里人都能做到相爱相善，那么家庭便是一个积善、积德之家，而积善、积德之家将来必然会有很多喜事、好事。相反则是一个不善、无德之家，而不善、无德之家将来很可能遭到很多灾难、祸殃。第二，家人应正确认识和处理义与利的关系。家庭中的各种关系，归根结底是一种义与利的关系，但家庭是一个生活共同体，不是一个经营共同体。因此，家庭更多地体现着一种亲情，即情义、道义。这种义是第一位的，利是第二位的，而且利是为义服务的。当家庭成员在家里发生利益矛盾，特别是经济利益矛盾时，要以义为重，不要为了追求个人的私利，而忘记或失去了家人的情义。要学习古代孔融让梨的美德，以礼义为重，在利益面前互相谦让，这样一家人才能和睦相处。第三，道德的最高境界是无私奉献。人的道德一般为三个层次：一是只利己不利人，为小德；二是既利己又利人，为中德；三是舍己利人，为大德。实际上这种舍己利人的精神，就是无私奉献的精神。道德是做人的根本和本钱，有德才会有得。小德得小利，中德得中利，大德舍己利为他利，必得到更大的利益和更多的报答。但大德之人并不是为了个人所得，因此是为真德。真德之人方成大器，厚德之人终受多福。

现在国家实行以德治国，大力提倡精神文明，每个人及家庭都应强化道德意识，不断修身进德，以社会主义核心价值观为指导，并以此来规范自己的言行和家庭的关系，争做一个道德高尚的人，建设一个道德高尚的家庭。

5. 法律思维

法治国，乃国策；欲治家，依国法。

国家法，治家宝；法治家，先懂法。

法意识，要强化；法思维，要升华。

家有事，应依法；按程序，调整家。

若民事，依民法；若刑事，依刑法。

先自处，求和解；和解难，再调解。

问题大，事难平；应理智，勿盲行。

找公安，找法院；法裁定，且公正。

注释：

法律思维：这里指站在法律的高度，依据法律条款，运用法律逻辑来思考和处理家庭事务和问题。

法治国：依法治国。

依国法：依据国家有关的法律。

民法：指《中华人民共和国民法通则》以及其他调整民事关系的法律。

刑法：指《中华人民共和国刑法》以及其他惩罚犯罪、保护人民的法律。

解读：

法律思维方法，就是站在法律的高度，依据法律条款，运用法律逻辑来思考和处理问题的方法。法律思维方法对于家庭来说，就是依据有关法律来思考和处理家庭矛盾和问题，用法律这个强有力的武器来调整家庭的关系和规范家人的行为。

当前，我国正在全面推行依法治国的发展战略，国家各行各业、各个方面都纳入了法治的轨道。家庭是社会的细胞、国家的基点，毫无疑问，依法治国也必须依法治家。坚持以德治家与以法治家相结合，在以德治家中融入法律思维，以更好地维护家庭的和谐。法律是治理家庭的法宝。首先要学习和掌握国家有关家庭的法律，这样当家庭涉及民事纠纷时，可以依照民法来思考和处理，涉及犯罪时，可以依照刑法来思考和处置。家庭遇到矛盾和问题时，一般应依据法律有关规定，可以先家庭内部自己处理，进行和解，如果和解不成，可申请有关方面进行调解。当问题较大，纠纷较深，特别是一时难以平息时，不要受情绪所左右，要冷静、理智地对待，不要盲目采取一些不当的行动，应依照法律规定和程序，由公安机关和有关司法部门来处理、裁定。这样才能使问题得到公正的解决。

五、礼仪

文明国，礼仪邦；家礼仪，不可忘。

不学礼，人难立；知礼仪，人赞誉。

形体美，重自然；可美容，莫过繁。

女妆细，男妆简；尚朴雅，勿浮华。

时不同，人有异；事有别，应适宜。

头应梳，脸应净；手足洁，内身清。

人饰衣，马饰鞍；衣冠整，且舒坦。

季不同，随时节；体不同，衣有别。

公众处，应庄重；衣合流，勿裸露。

集会礼，各不同；有要求，应遵从。

注释：

礼仪：即礼节和仪式。

礼仪邦：出自唐代孔颖达《春秋左传正义》：“中国有礼仪之大。”指中国是讲究礼节和仪式的国家。

家礼仪：指家庭生活的有关礼节和仪式。

不学礼，人难立：出自《论语》：“不学礼，无以立。”意思是：不学习礼仪，就难以立身处世。

尚朴雅，勿浮华：出自

《童子礼》："栉发，必使光整，勿散乱，但需敦尚朴雅，不得为市井浮薄之态。"意思是：崇尚朴素文雅，反对不顾实际地讲究表面上的华丽或阔气。

时不同，人有异；事有别，应适宜：根据不同的人、时间、地点、事情，施行不同的礼仪。施行礼仪与受礼的人和事一般要对应、适中，不要过高，也不要过低。

内身清：常洗澡，保持干净。

衣合流：衣服合乎大众、主流。

集会礼：指人数较多，比较集中的活动及会议的礼仪。

解读：

礼仪即礼节和仪式，是人们在社会交往中为人处世应遵循的行为准则和规范。家庭礼仪是指家庭生活中的有关礼节和仪式，是调节家庭关系的行为准则和规范。中国是一个有着悠久文化历史的文明古国，素有"礼仪之邦"的美称。礼仪文明是我国优秀传统文化的重要内容，现代礼仪特别是现代家庭礼仪，应传承这一优秀文明成果，并借鉴现代国内外有关文明礼仪，创造新的具有时代特色的家庭文明礼仪。

礼仪包括仪表美。仪表美是人的思想品格、道德情操、精神气质、志向理想、格调情趣、智慧学识等素质的自然流露，是经过长期家庭教育和个人学习、生活、实践而养成的。人的仪表表现在容貌、衣饰、姿态、态度、风韵。不同家庭有不同的礼仪传统、生活方式、审美习惯，仪表规范也有不同的内容和表现。五官、身材、肤色的美属于人体、容貌美，既靠先天秉赋，又得后天锻炼和保养，重在自然、协调、气质、清洁。不同的着装仪表表现出各自的个性，给人以不同的审美感受。着装仪表一定要根据自己家庭状况和个人的身份出发，根据不同的季节、时间、地点、对象和事由，应有所不同。基本要求应男女有别、着装得体、整齐卫生，应崇尚朴素文雅，不过分追求装饰美、形式美，不过分讲究表面上的华丽或阔气，特别是参加公众场合的活动，仪表应遵守活动的有关规定，穿着得体，符合要求。

如要坐，犹如钟；既端庄，又稳重。

如要站，犹如松；既挺立，又从容。

如要走，犹如风；既稳健，又轻松。

如要卧，犹如弓；既安然，又舒坦。

公共礼，守规则；讲文明，展美德。

守秩序，爱环境；应礼让，讲卫生。

人与车，靠右行；绿灯行，红灯停。

出入门，循先后；出者先，入者后。

注释：

公共礼：公共场所的礼仪。

人与车，靠右行：这是我国的行驶方向规定，国际上还有左行制国家。

解读：

体态是人们行为的重要方面，讲究文明的行体礼仪很重要。无论是站、坐、走、卧，都要姿态优雅，得体敬人。站如松、坐如钟、走如风、卧如弓是中国传统行体礼仪的基本要求，应结合个人的身体情况、职业要求和不同场合根据实际情况来培养锻炼。

公共场所包括家庭集体活动场所，也包括社会公共活动场所。人在公共场所应遵守公共礼仪，这不仅体现了家庭美德，也体现了一种社会美德。良好的公共礼仪可以展现和增进自己的道德素养，使人际交往更加和谐，使公共生活环境更加美好。公共场所礼仪总的原则是：确定位置（角色），尊老爱幼，遵守秩序，仪表整洁，讲究卫生，礼貌待人。参加集会则尽早入座，如需请人让道，通过时要与让座者正面相对，切忌臀部正对让座者。图书馆、阅览室是公共学习场所，应整洁入内，爱护图书和设施，保持安静卫生。乘车礼仪表现在自觉遵守交通规则，不闯红灯，主动礼让老弱病残。乘飞机、车船要依次排队，就座安静。

人交往，有礼仪；礼貌语，应牢记。

与人会，问您好；与人别，说再见。

人碍我，没关系；我碍人，对不起。

人助我，说谢谢；我助人，应该的。

敬称人，谦称己；见尊长，行尊礼。

地不同，随乡俗；常称呼，约定俗。

言必虑，其所终；行必稽，其所敝。

崇人德，扬人美；不妄说，不辞费。

拟拜访，知礼节；事项明，先预约。

谈吐清，心集中；勿顾盼，勿走动。

多交流，多沟通；增友谊，互尊重。

事已毕，即告辞；打招呼，请留步。

注释：

敬称人，谦称己：对别人用尊敬的称呼，对自己用谦虚的称呼。

行尊礼：出自《晏子春秋》：“至恭不修途，尊礼不受摈。”本意是：最高的尊敬不讲究形式，用尊敬的礼节款待人不会遭到拒绝。这里指对待尊长用尊敬的礼节。

言必虑，其所终；行必稽，其所敝：出自《礼记·缁衣》：“君子道人以言而禁人以行，故言必虑其所终，而行必稽其所敝，则民谨于言而慎于行。”意思是：讲话时一定要考虑后果，行动前一定要考虑清楚有没有弊端。

崇人德，扬人美：出自《荀子·不苟》：“君子崇人之德，扬人之美，非谄谀也。”意思是：推崇他人的美德，宣扬他人的长处。

不妄说，不辞费：出自《礼记·曲礼》：“礼，不妄说人，不辞费。”意思是：不随意乱说话，不说过头话，不说多余话。

解读：

以礼待人，使用礼貌语言，是良好的做人素养和家庭素养。礼貌用语是人们在频繁的交往中约定俗成的礼貌、礼仪语言，礼貌用语体现人的文化语言美、思想情感美、道德品质美。礼貌语言表示彼此尊重与友好，是人际关系的沟通之宝，可传递爱，可沟通心灵，可打开成功的大门。

礼貌用语近百种，各自有用处，如果运用正确，会使人的语言洋溢魅力，使对方感到善良和温暖。无论别人给予自己的帮助多么微不足道，自己都应该诚恳地说“谢谢”。发现对方有茫然表情时，可用简洁语言说明致谢原因。对他人的道谢要回应。公共场所向人道歉，是缓和双方可能产生紧张关系的灵药。道歉要及时且有诚意，切忌道歉先辩解。礼貌用语的原则是入乡随俗，善意赞美，和气文雅，谦逊有礼，敬称别人，谦称自己，考虑后果，不乱非议。就是遇到不同的人，在不同的场合，该说的就说，不该说的不说，好话则说，歹话不提。拜访别人，要遵守拜访礼仪。拜访前要明确事项，先行预约，做好准备；拜访中要思路清晰，谈吐清楚，不要东张西望，随意走动。要多交流，多沟通，增进友谊，相互尊重。拜访结束，应礼貌告辞，切忌接近“饭点”前往拜访或逗留。

知客来，应有备；整卫生，理座位。

客人到，主动迎；客先进，陪同行。

行茶礼，净杯盏；双手端，七分满。

交谈中，一主谈；其他人，勿插言。

倾心听，耐心谈；客人言，慎打断。

客告辞，即站起；送出门，道别礼。

注释：

净杯盏：敬茶礼仪中当着客人面“净茶具”的程序。杯盏即饮茶的茶杯、茶盏。

七分满：倒茶不应满，以杯子三分之二为宜。俗称茶倒七分满，留下三分是人情。比喻为人处世留余地。

解读：

待客礼仪是家庭礼仪的重要方面。待客礼仪主要包括迎客礼仪、敬茶礼仪、交谈礼仪、宴请礼仪、送客礼仪等。待客礼仪的目的是让人欢喜满意。

得知客人来访，应视情况做些必要的准备，要打扫卫生，摆放好桌椅，保持室内干净整齐。客人在约定时间到来，要提前去门口迎接，不宜在房中静等，如客人是夫妇，一般夫妇应一同前往迎接。进门时应先请客人进，并且陪客人同行。迎客表情要面带微笑，步履轻松，不能有疲惫、心烦之嫌。见到客人应主动热情，对长者或体弱者可上前搀扶。客人进屋后，首先请客人落座最佳位置，然后敬茶水等物款待。敬茶水礼仪包括先把茶具洗干净。倒茶水时杯子要离开桌子，杯中茶水以三分之二为佳，以免把水滴在桌子上或客人身上。如给客人献茶水，应双手端茶，并随即说“请您用茶”或“请喝茶”。切忌用手指捏住杯口边缘，这样显得不卫生和不礼貌。无论在家里还是在外面，在与客人谈话时，要以一人为主，其他人不要随便插话。要注意倾听对方的意见，耐心与对方交谈，切忌不要随便打断对方的谈话，这样对客人不礼貌。客人告辞，一般应用委婉的语言挽留。客人要走，应等客人起身后，再起身相送。送客一般应送出门口。

用餐礼，有讲究；用餐前，先洗手。

长幼序，依次排；有宾客，应为先。

中为主，右为宾；尊长辈，善客人。

若饮食，身离案；勿太近，坐姿端。

容举箸，以次盘；毋急遽，肴蔬乱。

嚼无声，有节制；勿恣嗜，勿挑食。

欲咳嗽，用物隔；头向后，或离桌。

用餐毕，先送客；按长幼，各道别。

注释：

用餐礼：即用餐的礼节和礼仪。

若饮食，身离案；勿太近，坐姿端：出自明代《童子礼》：“凡饮食。须要敛身离案。毋令太逼。”“凡坐。须定身端坐。”意思是：就餐时身体与餐桌保持距离，吃饭姿势端正。

容举箸，以次盘；毋急遽，肴蔬乱：出自明代《童子礼》：“从容举箸。以次着于盘中。毋致急遽。将肴蔬拨乱。”意思是：从容用筷，按序用菜，不要急速吃饭，不要搅乱肴蔬。

嚼无声，有节制；勿恣嗜，勿挑食：出自明代《童子礼》：“咀嚼毋使有声。亦不得恣所嗜好。”意思是：嘴嚼饭菜不发出声音，不贪吃喜欢的饭菜。

欲咳嗽，用物隔；头向后，或离桌：咳嗽礼仪。无论是健康人还是疾病患者，在与别人一起就餐期间咳嗽或打喷嚏时，应用餐巾纸等物或双手捂住口鼻，头向后下方，或者暂时离开饭桌。

解读：

用餐也要讲究礼仪。遵守用餐礼仪是人良好素养的一种具体表现。现实生活中，用餐大致有宴会、家宴、便餐、工作餐（包括自助餐）等形式。每种用餐形式虽有不同，但礼仪规范的基本点相同。用餐礼仪要养成习惯，主要靠平时居家按礼仪规范来用餐。

用餐前后都要洗手，并按长幼排座位，如有客人，请客人先入座。座位一般主人或长辈在中间，右边为主贵宾，左边为次贵宾，依次就座。用餐中应尊敬长辈、善待客人，动碗筷用餐，一般不应抢在长辈和客人前面。吃饭时应注意“吃相”。吃饭端碗时，大拇指扣住碗口，食指、中指、无名指扣住碗底，手心空着。夹菜时应从盘子靠近或面对自己的盘边夹起，不要从盘子中间或靠别人的一边夹起，更不能用筷子在菜盘子里翻来倒去，眼睛不要老盯着菜盘子。遇到自己爱吃的菜，不可猛吃，更不能干脆把盘子端到自己跟前吃，只顾自己，不顾别人。要注意保持良好的形象。要闭嘴咀嚼，细嚼慢咽，不张开大嘴，狼吞虎咽。口含食物不与别人交谈，确需与他人谈话，应轻声细语。如要咳嗽、打喷嚏，要用手或纸巾、手帕捂住嘴，并把头向后方转，或离开餐桌去吐掉。在就餐过程中，要尽量自己添饭、夹菜，并主动照顾好父母、长辈及年幼的孩子。用餐完毕，如有客人，应先送客人，然后按照长幼的秩序，先后道别离开。

六、家教

（一）重视家教

家之本，在育人；子成才，父母心。

育子女，路三条；家校社，不可少。

家教育，乃基础；基不牢，站不住。

父母责，在家教；子女错，父母过。

家之教，乃学问；父母者，先入门。

知教育，知心理；教育道，有成效。

注释：

家教：即家庭教育。狭义指对子女的教育，广义指对家庭所有成员的教育。

家之本，在育人：出自《孟子·离娄上》：“……家之本在身。”意思是：家庭的根本在于培育人才。

家校社，不可少：指对子女教育的途径主要是家庭、学校和社会三个方面，一个方面也不能缺少。

父母责，在家教：指父母的责任是做好家庭教育，父母是家庭教育的第一责任人。

教有道：指家庭教育要遵循规律并且有正确的方法。

解读：

家庭的根本在于教育和培养人才，使孩子成为国家和社会的有用人才是每一个做父母的心愿。培养人才的根本在于教育，教育的主要途径是家庭教育、学校教育和社会教育三个方面。其中，家庭教育是人才成长与发展的基础，学校教育是人才成长与发展的关键，社会教育是人才成长与发展的重要环节，三种教育形式紧密结合，构建了人才成长与发展的国家教育体系。在这一教育体系中父母的主要责任是搞好家庭教育。家庭教育从广义讲，包括父母、子女等所有家庭成员之间相互的影响和教育，从狭义上讲，主要是指对子女的教育。父母或家长是家庭教育的第一责任人。家庭是孩子的第一个课堂，父母是孩子的第一任老师。家庭教育关系到孩子的终身发展，关系到千家万户的切身利益，关系到国家和民族的未来。作为父母一定要明确自己在家庭教育中的主体责任，纠正那种“重养轻教”“重校轻家”的倾向，切实承担起对子女家庭教育的责任。

现在不少父母为子女的培养教育付出了很多很多，但孩子还经常出现这样那样的问题，因此怨孩子不争气。其实，家庭教育是一门综合性的科学，要把孩子培养好，需要父母掌握必要的教育知识、方法和技能。为此，父母应学点生理学、心理学、教育学以及社会学的知识，了解子女的生理、心理发育情况和特点，遵循教育规律，特别是要结合各个家庭和孩子的实际情况，采取正确的方法，方能收到好的效果。

（二）家教原则

1. 应早教

欲教子，应早教；六岁前，很重要。

早家教，养良习；错失机，染坏习。

好习惯，终受益；坏习惯，终难移。

效古人，行胎教；心态好，育好苗。

心愉悦，精气好；道正事，勿忧躁。

母乳喂，情越深；既益身，又益心。

多爱抚，多陪伴；常鼓励，多点赞。

好护理，重营养；促发育，体健康。

助子长，勿拔苗；循渐进，勿急躁。

知对错，知善恶；学自理，养美德。

注释：

应早教：即重视孩子的早期教育。

六岁前，很重要：六岁以前是人体发育、良好习惯和人格陶冶的最关键的时期。

效古人，行胎教：出自汉代贾谊《新书·胎教》："古者胎教之道……正礼胎教也。"指古代孕妇用礼乐对母体施加影响，实施胎教。

道正事：说向善、向上、向好的正经事。

勿拔苗：出自《孟子·公孙丑上》："揠苗者也。非徒无益，而又害之。"比喻教育孩子不要违背客观规律。

解读：

中国近现代伟大的教育家和杰出的思想家陶行知（1891—1946 年）先生曾指出：儿童期是人格和习惯形成的最佳时期。儿童学者告诉我们凡人生所需之重要习惯、倾向、态度多半可以在六岁以前培养成功。一位著名的生物学家也曾说过："从婴儿生下来的第三天开始教育就晚了两天。"孩子教育很重要，家庭教育要趁早。特别是六岁前是孩子人体发育、良好习惯和人格养成的黄金期，对孩子的一生至关重要。孩子的早期教育重点有两个方面：一是促进体质增长和健康，二是培养良好习惯和品德。这两件事都不可忽视，一件都不能少，缺一件都不是一个健康的孩子，特别是良好习惯和品德的培养尤为重要。好习惯终生受益，坏习惯终生受损。

我国古代就重视孩子的早期教育和培养，并且还提出从胎教就开始。孔子说："少成若天性，习惯如自然。"小时候形成的品德和行为，很容易变成习惯，而习惯一辈子都难以改变。因此现在父母一定要重视对孩子的早期教育，并注意做好以下五个方面：一是怀孕前加强自我修养，养成良好习惯和品德。二是妊娠期学古人胎教，拒绝精神污染，保持积极向上、向善、向好的心态，克服和防止忧愁烦躁，并以科学的方式与胎儿对话，促进胎儿健康发育。三是孩子出生后要科学养育，好好护理，重视和加强孩子的营养。婴儿期应尽量母乳喂养，这样对孩子的身心健康都有好处。四是幼儿期是孩子智力发展最迅速，也是人格陶冶最重要的时期，对孩子应多爱抚，多陪伴，对其微小的进步和表现，多给予表扬和鼓励。五是遵循孩子成长规律，善于教化诱导，帮助孩子明是非、辨真假、知对错、懂善恶，锻炼和提高孩子的动手能力，使孩子逐渐学会生活自理，养成良好的生活习惯和品德。

总之，现代家庭特别是父母，一定要重视和抓紧孩子的早期教育，从孩子一出生到入学前，一刻也不能放松。在整个早教过程中，父母应坚持养教并重，教养结合，重在增进孩子的体质发育，重在培养孩子的良好习惯品德，促进孩子全面健康地成长。

2. 德为先

欲教子，应全面；德智体，同发展。

德为先，重德教；立人德，走正道。

修人德，固人基；人基牢，则可立。

施德教，润心田；德化人，止至善。

有“四维”，有“五常”；“三达德”，应弘扬。

树“三观”，养德性；“五四三”，修德行。

注释：

德为先，重德教：指教育子女应把

德育教育摆在优先的位置，切实重视和抓好对子女的道德教育。

止至善：出自《大学》：“大学之道，在明明德，在亲民，在止于至善。”原意是：大学之道，在于彰显光明的德行，在于亲爱人民，在于使人们达到至善的道德境界。这里指用良好的道德教育家人和子女，使其品德达到善美境界。

四维：出自《资治通鉴》：“礼义廉耻，国之四维，四维不张，国乃灭亡。”这里指家庭德教强调礼义廉耻。

五常：指中国儒家文化中的“仁、义、礼、智、信”。

三达德：出自《论语》：“知者不惑，仁者不忧，勇者不惧。”“智、仁、勇”是中国儒家文化中的道德标准。

树“三观”：树立正确的世界观、人生观、价值观。

德性：语出《礼记·中庸》：“故君子尊德性而道问学。”郑玄注：“德性，谓性至诚者也。”现泛指人的道德品行，具体指道德观念、道德意识。这里指家庭德教注重内化于“心”，培养道德心。

五四三：指20世纪80年代中国推行的“五讲”“四美”“三热爱”。即“讲文明、讲礼貌、讲卫生、讲秩序、讲道德”“心灵美、语言美、行为美、环境美”“热爱共产党、热爱祖国、热爱社会主义制度”。

德行：语出《周易》：“君子以制数度，议德行。”孔颖达注解：“德行谓人才堪任之优劣。”现泛指人的道德行为，这里指家庭德教注重外化于“行”，培养道德行为习惯。

解读：

重德教，就是家庭应重视对子女的道德教育，主要指家长通过家庭的日常生活，通过适合孩子特点和兴趣的各种活动，通过家长的言传身教，对子女进行个人品德、家庭美德、家风以及社会公德等方面的教育。

国无德不兴，人无德不立。第一，家长要树立正确的教子观，坚持以德为先，德智体全面发展的指导思想，纠正和克服一些家长存在的重智轻德、重养轻教的错误观念，用正确的道德观教化孩子，使孩子不断提升和完善自己，走正确的道路，成为品行高尚的人。第二，要教育子女汲取中华民族传统道德文化的精华，懂得“仁、义、廉、耻”，懂得“仁、义、礼、智、信”，懂得“智、仁、勇”，并结合实际，使之发扬光大。第三，要教育子女树立正确的世界观、人生观、价值观，大力弘扬和践行社会主义核心价值观，努力做到“五讲”“四美”“三热爱”，即“讲文明、讲礼貌、讲卫生、讲秩序、讲道德”，追求“心灵美、语言美、行为美、环境美”，“热爱共产党、热爱祖国、热爱社会主义制度”，使子女和家人成为有理想、有道德、有文化、有纪律的“四有”新人，成为对国家、对人民、对社会有用的人才。

3. 因材教

欲教子，应知子；明子情，心踏实。

详观察，多亲近；细分析，常谈心。

知禀赋，知兴趣；知特长，知情绪。

以实情，因人教；方法适，效果好。

人不同，教有异；勿雷同，勿类比。

扬子长，抑子短；顺势引，善纠偏。

注释：

因材教：即因材施教。

人不同，教有异：指每个人的情况不同，教育的目标、内容、方法和要求，应有所不同或差别。

勿雷同，勿类比：不能要求完全相同，不能完全进行对比和比较。

解读：

因材教即因材施教的原则。就是在遵循孩子成长的规律和特点，以及共同的教育内容和方法的同时，根据不同的家庭，不同的孩子，孩子的不同情况、特点和需求，采取不同的形式和方法，对孩子实施有的放矢、有区别的个性化教育。因此 ，因材施教的原则，也可以说是个性化教育的原则。

经常听到有些家长说自己很重视孩子的教育，看了不少有关教育孩子的书，也像别的家长一样带着孩子学这个学那个，但就是效果不好。教育孩子需要了解和掌握必要的知识，但更重要的是要了解孩子的实际情况和个性特点，有针对性地进行教育。因此，每个家长一定要多亲近孩子，经常与孩子交流，对孩子的具体表现，要仔细观察和分析，了解掌握孩子的兴趣和需求，然后“对症下药”。不要拿自己的孩子与别人的孩子完全相比，也不要拿别人孩子的长处与自己孩子的短处来比。要特别重视和关注孩子的优点和长处，多给予赞赏和鼓励，同时要善于观察和发现孩子的良好兴趣和爱好，并积极地给予引导、支持和帮助，因势利导，扬长避短，为其发展创造良好的环境和条件，促进孩子更好地健康成长。只有这样，才能教育和培养出优秀的人才。

4. 宽严合

欲教子，兼宽严；严有度，宽有限。

严是爱，松是害；勿娇惯，勿溺爱。

宠与哄，不可取；助唯我，养坏习。

严教管，勿打骂；施暴力，则违法。

父母严，不可狎；骨肉爱，不可简。

宽严合，中有爱；子女敬，且不怠。

注释：

宽严合：出自《宋史·汪大猷传》：“……可谓宽严适中。”意思是：宽容、慈爱与严格管理要求相结合，且适中。

助唯我，养坏习：指助长唯我自大的思想，养成坏的习惯。

父母严，不可狎；骨肉爱，不可简：出自《颜氏家训》：“父母之严，不可以狎；骨肉之爱，不可以简。”意思是：父母教育孩子或在孩子面前应保持尊严，不可与孩子过于亲昵；但父母与孩子的骨肉之爱也不可简化。

子女敬，且不怠：指子女孝敬、敬畏父母，且不敢怠慢。

解读：

父母教育子女应坚持宽容与严格管理相结合的原则，但无论是宽还是严，都应合理、恰当，且不可过分宽容或过分严格。“树大未必自然直”“棍棒之下不一定出孝子”。

严格是指遵守道德规范或规章制度应严格，认真不放松，好则及时鼓励、表扬，差则及时批评、纠正，做到奖罚分明。严是爱，松是害，不管不教可变坏。父母关爱自己的孩子是人之本性，天经地义，特别是现在很多都是独生子女，全家人都围绕一个孩子转。

但是关爱不等于溺爱，不等于娇生惯养，放松管理，使孩子放荡不羁。特别是对孩子的不合理的要求，且不可过分宠哄和无原则地满足，这样容易助长其“唯我独大”、傲慢任性、有恃无恐的习惯和性格。长大以后很难成大事，必受其害。但严格也要以尊重孩子人格、充分考虑孩子身心承受能力为前提，在孩子能够接受的范围内严格管理、严格要求。特别是不能采取打骂等侵犯人权的暴力违法行为。这样会适得其反，且易产生逆反心理，甚至激化矛盾。

总之，父母管教孩子，要宽严结合，既要严格又要慈爱。父母不可与自己子女过分亲昵，过分亲昵则会导致孩子对父母不恭敬，过分随便，有失父母的尊严。但父母与孩子之间的骨肉之爱，也不可淡漠疏远，否则可能导致仁慈和敬畏之心不能相通相连。要正确认识和处理好宽与严，严与爱的关系，把握好分寸和度，做到当严则严，当宽则宽，严中有慈，慈中有严，严慈结合，严慈相济。宽严结合的原则，说起来都明白，但做起来，特别是把二者结合好并不容易。作为父母要结合自己孩子的实际情况，在实践中应不断琢磨、调整和总结。

5. 重身教

欲教子，重身教；亲垂范，作用好。

亲好德，子无隐；亲恶贪，子慎谨。

欲正人，己先正；亲不正，子难从。

古曾子，杀彘教；“鲁母师”，为世表。

今父母，孝双亲；爱学习，践诚信。

讲礼仪，守规矩；亲身正，子则齐。

注释：

垂范：语出南朝·梁·刘勰《文心雕龙·诏策》：“劝戒渊雅，垂范后代。”本意是：汉武帝所用文书语言弘博深刻，比如他封儿为王的

文书，劝告警示意义既深刻又温雅，为后代留下了典范。这里指父母亲注重自身的修养，率先为孩子做出榜样。

亲好德，子无隐；亲恶贪，子慎谨：出自《孔子家语》：“上好德则下无隐，上恶贪则下耻争。”意思是：父母崇尚美德，子女就不会干不可告人的事；父母憎恶贪婪，子女就会谨慎小心，不敢胡作非为。

亲不正，子难从：出自《论语》：“其身正，不令而行；其身不正，虽令不从。”原意是：统治者自己要行得正，不用命令，百姓也能照着做；自己身行不正，即使发号施令，百姓也不会听从。这里指父母要自身端正，身体力行，做出表率，孩子才能听从，并见于行动。

古曾子，杀彘教：出自《韩非子·外储说左上》：春秋末期，曾子为了不失信于孩子，把猪杀了煮给孩子吃。意思是：父母教子要信守诺言，言行一致。

“鲁母师”，为世表：出自汉代刘向的《烈女传·鲁之母师》：“君子谓母师能以身教。”说的是：历史上鲁国有一位带领9个孩子的寡母言行一致注重身教，被鲁穆公赐封“母师”尊号，并请她教导宫里人，号称世上母亲的表率。

解读：

俗话说，喊破嗓子不如做出样子。父母教育孩子应言传身教，特别要重在身教，率先垂范，做好样子。身教就是榜样，榜样的力量是无穷的。其身正不令则行，其身不正虽令不从。如果父母崇尚美德，子女就不敢失德，做见不得人的事；如果父母憎恨那些贪得无厌，争名逐利的行为，子女就会谨慎小心，不敢胡作非为。古代曾子为了不失信于孩子，把猪杀了煮给孩子吃，信守承诺。鲁国一位被封为母师的母亲注重身教，培养教育 9 个孩子，为世代广为赞扬，流传至今。

现代父母更应以身作则，一言一行为孩子做出榜样。特别要做好如下几点：一是要做尊老爱幼的榜样，特别是在家要孝敬父母，在外要尊敬师长，讲究文明礼貌。二是要做言行一致，信守承诺的榜样，凡是要求孩子做到的，父母自身先做到；凡是答应孩子的事，一定要兑现；凡是禁止孩子做的，父母绝不要越雷池半步。三是要养成良好的行为习惯，比如，良好的生活习惯、学习习惯、工作习惯、卫生习惯等。四是要善于学习，不断提升自身的素质。只有高素质的父母，才能培养出高素质的孩子。在教育孩子的同时，家长要不断提高自身的素质。提高家长素质是个难题，破解这个难题的途径在学习。要想孩子好，父母要更好，要想孩子好好学习，父母必须天天向上。父母在各方面做好了，孩子就会向父母学习、看齐，身心得到全面的发展和进步。

6. 求统一

欲教子，应统一；同目标，共努力。

父母同，祖辈同；家校同，与子同。

教不同，弊端生；互干扰，子难从。

遇分歧，早融通；统一教，子从容。

家园校，常沟通；互配合，步调同。

最关键，亲子同；同心力，同向行。

注释：

应统一：指在对子女教育的思路、原则、内容、方法、目标、要求等方面，父母及家人之间，家庭与学校之间，家庭与子女之间，应保持相对的一致性。

同：这里意思是：一样，即各个家人的不同教子意见求得统一，以同一内容和方法教子。

子难从：子女面对家长的不同教育内容和方法难以适从。

融通：出自南朝梁国任昉《齐竟陵文宣王行状》："公道识虚远，表里融通。"意思是：融合通达。这里指家长之间融合家教不同意见，保持统一。

家园校：指家庭、幼儿园和学校。

解读：

家庭教育，必须保持统一性原则，即：在对孩子教育的总体指导思想、方法、内容、目标、要求等方面，父母及其他家庭人员应保持相对的一致性，与学校应保持相对的一致性，与孩子兴趣爱好应保持相对的一致性。在保持对子女教育一般规律或总体上意见一致性的同时，对孩子发生的同一件事或随时产生的问题，在处理时也要尽可能保持一致性，这样可使家庭成员对孩子的日常教育“所见略同”，有利于对孩子的培养。

现在的孩子大多是独生子女，父母及家庭其他成年人，一般都围着孩子转，人多嘴杂意见多，往往爸爸有一种想法，妈妈有另一种想法，甚至爷爷奶奶也各有各的想法，这样就会使孩子无所适从。尤其是当孩子有缺点或错误时，家中人有的可能批评，有的可能袒护。不同的态度和做法，往往会给孩子造成错觉，无所适从，很不利于孩子认识缺点，改正错误。当父母及其他家人对孩子的教育发生分歧时，应该冷静对待，及时沟通和交流，而不应该在孩子面前互相指责，这样会产生负面影响，不利于对孩子的教育。当发现孩子有问题时，一定要保持头脑冷静，弄清情况，妥善处理。对待孩子的缺点或错误，父母及其他家人要一致帮助教育，决不可通融、袒护。大家意见一致，形成合力，必将收到好的效果。但对孩子的批评也要注意方法，切不可这个批评完了，那个再批评，没完没了。对孩子的教育总体上还是要坚持以鼓励为主的原则。孩子进入幼儿园和上学后，家长应经常保持与幼儿园和学校的联系沟通，及时了解和掌握孩子的情况，积极配合幼儿园和学校，共同做好孩子的教育工作。最关键的是父母和孩子要相互尊重、同心同力、共同前进。

（三）家教方法

1. 环境熏陶法

育子女，重环境；无污染，清雅静。

环境差，易学歪；环境优，出人才。

昔孟母，择邻处；外环境，应关注。

弃噪杂，避阴霾；贤人达，重学脉。

内环境，有文化；宜简约，忌奢华。

有学具，有桌凳；父母和，家风正。

注释：

环境熏陶法：出自《孟子·尽心上》：“居移气，养移体，大哉居乎！”原意是：地位和环境可以改变人的气质，奉养可以改变人的体质。现指优化环境来影响人的教育方法。

昔孟母，择邻处：《韩诗外传》《列女传》都有此记载，说孟母为给孟子选择好的学习环境，三次搬家，终使孟子在良好的环境中完成学业，成为德才兼备之人。孟母受到广泛赞誉，流传至今。

外环境：指家庭以外的环境，包括自然环境和社会人文环境。

内环境：指家居内部环境。

解读：

环境熏陶法，是指通过选择或有意识创设积极向上的环境，比如物质环境、文化环境、人际交往环境等，使孩子置身其中，耳濡目染，在不知不觉中受到影响的教育方法。环境熏陶，意在孩子的心田里播下美德的种子，让孩子增长科学文化知识，获取成长的力量，促进孩子健康地成长。

俗话说，近朱者赤，近墨者黑。好的环境可以陶冶情操，影响孩子向好，差的环境可以污染心灵，影响孩子变差，甚至变坏。这是一个逐渐熏陶、潜移默化的过程。历史上孟母三迁的故事，就是为了让孩子在良好的环境中受到好的教育。孟母重视环境对孩子的影响，慎选住所的做法，仍值得今人学习借鉴。

一方面，家庭应创造有利于孩子安心学习和健康成长的居住环境。家庭居住环境，各家的条件和情况不同，存在着较大的差别。应从实际出发，不要追求豪华和奢侈，但要基本保障孩子有一个安静整洁的学习、居住环境，并配置必要的学习用具等。

另一方面，要优化家庭的软件环境，为孩子创造一个安心学习和健康成长的家庭氛围。一个夫妻和睦、家风清正、人人热爱学习、没有不良嗜好的家庭环境，对孩子传承家庭美德、健康成长，将会起到重要的积极的影响。在这方面，父母的一言一行至关重要，父母要做孩子的榜样。

再一方面，父母也应注意外部环境对孩子的影响，包括自然环境和社会环境。要多选择和接触一些让孩子增长知识、陶冶情操、充满正能量的地方和场所，对国家明令禁止的地方和场所，要教育孩子绝对不要前往和接触。要认真了解自家居住地的周边环境，对有益孩子成长的场所可以多去，而对那些不健康的场所不要去。要引导孩子与有教养的同学交往，和教养差的同学保持一定的距离。另外，在生活中要教育孩子学会辨别是非、善恶，鼓励孩子不断向善、向上、向好，增强孩子自身的免疫力。

2. 寓教于乐法

子好玩，乃天性；顺自然，导其行。

做游戏，玩玩具；诵诗词，练体育。

可旅游，拓视野；长知识，学人杰。

促发育，长身体；养品德，增智力。

动画片，要优选；网上玩，勿上瘾。

玩中乐，乐中教；亲子乐，共提高。

注释：

顺自然，导其行：遵循规律，顺依爱好，加强对行为的引导。

亲子乐：指父母亲与子女同玩、同乐、同学、同受教育。

解读：

好玩是孩子的天性，家教的奥妙在于顺着孩子的天性，把道德教育和知识学习以玩的形式来实施，使孩子在玩乐中受到教育。家庭教育可寓教于儿歌等文艺形式，寓教于球类等体育活动，寓教于书法、舞蹈等文化生活，寓教于扑克、下棋等游艺活动，寓教于旅游观光……这些玩乐比较有益，体育可锻炼身体，读书咏诗可增进文化涵养，游戏可开发智力，棋类可促进思考博弈。动画片既生动形象又活泼有趣，孩子都很喜欢，要选一些优秀的动画片给孩子看。现在是互联网时代，网上有很多值得孩子学习和玩的东西，要引导孩子科学运用网络，有选择地进行学习和参加一些娱乐活动，但要防止孩子看一些不健康的东西，不要让孩子经常泡在网上成了“网瘾”。

寓教于乐的目的是让孩子在娱乐中锻炼自己，主动权在孩子，家长是配角，让孩子自己在娱乐中感悟和体会，从小培养积极性、主动性和独立性，在情感、人格、知识各方面茁壮成长。父母与孩子一起参加各种娱乐和交际活动，可以起到监护和指导作用，也可进一步增进父母与孩子的亲近感。父母应根据孩子的兴趣和爱好，不断创设亲子同乐的情景和形式，使孩子经常保持一种新鲜感。父母创设娱乐情景要与孩子自主参与玩乐结合起来，让孩子在玩乐中发挥自主性，主动性。玩是一种学习，是一种锻炼，父母则适时诱导和启发，使孩子在玩耍中增长智力，获得知识，陶冶情操，养成良好习惯，健康茁壮成长。

3. 说服教育法

教子女，应说理；亲讲理，子不逆。

善于察，知子事；敏于思，知子意。

慎于言，不过激；动以情，晓以理。

平常心，同理心；勿居上，勿压人。

既启发，又引导；勿指责，勿唠叨。

子辩驳，勿急躁；耐心教，必有效。

注释：

敏于思：出自习近平2015年为第四批全国干部学习培训教材所作的序言："各级领导干部要勤于学、敏于思。"原意是：领导干部要勤学敏思。这里指：父母要快捷灵敏地思考分析子女情况。

慎于言：出自《论语·里仁》："君子食无求饱，居无求安，敏于事而慎于言。"原意是：君子吃饭不要求饱足，居住不苛求舒适，但在工作上勤劳敏捷，说话谨慎。这里指：父母教子的语言要客观准确，不可信口开河。

动以情：出自南宋朱熹的《论语集注》："情，诚实也。敬服用情。"意思是：用感情打动人心。

晓以理：出自宋·洪迈《夷坚志》："乃能言之有理，亦难能也。"意思是：用道理开导说服人。

平常心：以平常的心态，平等的态度。

同理心：又叫换位思考，指站在对方立场、角度来思考和处理问题。

解读：

说服教育方法，就是通过摆事实，讲道理，来启发教育孩子。这是教育孩子最基本的方法之一。父母首先要懂得为人处世的有关道理，懂得教育子女的基本规律。只有这样，才能做好子女的说服教育工作。

当孩子出现问题时，父母首先要弄清具体情况和问

题，并客观仔细地分析其对错和原因，切勿凭主观臆想，不分青红皂白，胡乱批评指责。要以情感动人，以理说服人，肯定积极面，引导和纠正消极面。要换位思考，以平常的心态，平等的态度，把自己融入进去，站在孩子的立场和角度思考问题，切勿以老子自居，居高临下，以势压人。说服教育要双向互动，父母要注意倾听孩子的意见，让子女畅所欲言，说出自己对有关事情的意见和看法。在此基础上，父母可帮助子女认真分析具体问题，启发诱导，把不正确的看法引导到正确的方向上来，切勿采取我讲你听说教式的方法，也不要唠唠叨叨。这样不仅不能收到好的效果，而且可能适得其反。当发生问题，孩子一时想不通时，做父母的切记不要急躁，要耐心细心地进行说服，持之以恒，最后必然收到成效。

4. 交流沟通法

亲与子，骨肉亲；同血脉，一家人。

教孩子，勿生硬；重交流，重沟通。

业余时，多团圆；相互间，多交谈。

谈学习，谈生活；谈见闻，谈工作。

倾心谈，耐心听；可争辩，应互动。

化矛盾，解疑惑；增感情，亲子和。

注释：

应互动：指亲子之间应相互交谈和讨论问题。

化矛盾，解疑惑：指化解亲子之间的矛盾，解除亲子之间的疑问、疑虑和困惑。

亲子和：指父母与子女关系融洽和谐。

解读：

父母与子女是骨肉相连、血脉相通的一家人。平日生活里互相依靠，互相关照。应该多交流、多沟通。无论是生活还是学习，无论是工作还是所见所闻，应说尽说，这是家庭里最温馨的生活享受。当遇到矛盾和问题的时候，应及时沟通，这样有利于化解矛盾，减少误会，密切亲子关系；有利于父母及时了解和掌握孩子的发展状况，有的放矢地对孩子进行教育；有利于破解孩子在生活、学习、工作等方面遇到的各种疑惑和问题，促使孩子更好地成长和进步。

父母与孩子沟通交流，应坚持尊重、信任、平等、民主的原则。尊重是交流沟通的前提，信任是交流沟通的基础，平等是交流沟通的关键，民主是交流沟通的保证。特别是处于主导地位的父母，应该端正沟通理念，杜绝家长制作风，重视子女的心灵感受，尊重子女话语权，耐心倾听孩子的意见，让孩子把话讲完。可以与孩子进行交流和讨论问题，营造家庭相互交流沟通的民主氛围，使孩子有事愿意给父母说，而不是想方设法摆脱父母。

5. 奖惩激励法

无完人，子亦然；奖惩法，促子健。

对与错，先弄清；对则赞，错则正。

成绩显，奖励之；问题大，惩戒之。

奖为主，惩为辅；重精神，辅钱物。

赏与戒，应适时；如拖沓，效用次。

施奖惩，有分寸；勿随意，应精准。

注释：

无完人：即金无足赤，人无完人。指没有完美无缺的人。

促子健：促进孩子健康成长。

错则正：出自《周礼·夏官·大司马》："贼杀其亲，则正之。"此处"正"字为动词，字义包括纠正、正法、治罪。原意是：残杀骨肉至亲的，就按法律惩办他。这里指：发现孩子有错误就批评纠正。

解读：

适时的奖励和必要的惩罚，是家长教育孩子、激励孩子不断进步成长的重要方法。人无完人，金无足赤。凡是人都不会十全十美，都存在这样那样的优点和缺点。作为父母，既要看到孩子身上的长处，也要看到不足，并且应多看长处。对其长处、取得的成绩和进步，应适时地给予鼓励和奖励。同时，对孩子存在的缺点和问题应提出批评或者惩罚。

对孩子的突出表现和进步应及时地给予奖励。奖励以精神奖励为主，物质奖励为辅。物质奖励要以孩子真正的需求为本。奖品是孩子感兴趣的东西，能够激发孩子动力。平时不要随意答应孩子的物质奖励，以免孩子把

奖励当成交换条件。精神奖励应是语言、行为和动作上的肯定和鼓励。奖励可经常化，孩子只要有良好行为，哪怕是微小的进步，就要奖励，这样可促使孩子的良好行为得到强化和固化，进而成为良好的习惯。

对孩子出现的突出问题或经常反复出现的过错，应采取必要的惩罚方式。惩罚不是目的，而是通过惩罚教育孩子，让孩子认识过错，改正错误，更好地健康地成长。要慎用惩罚，防止惩罚不当伤害孩子的感情，影响亲子关系和孩子健康人格的形成。惩罚后应安抚，防止孩子因受罚而自卑，情绪低落。惩罚孩子家长态度要保持一致，同时，避免在公共场所和外人面前惩罚孩子，当众惩罚会伤害孩子的自尊心。惩罚方式应适当，应采取孩子可接受的方式，不能打骂或实行其他家庭暴力。惩罚不是体罚，更不能违法。孩子认识和改正错误有一个过程，父母对孩子出现的问题要有耐心，不能期望一罚就改，一罚了事，还要结合实际做深入细致的思想工作，只有这样才能收到好的效果。

6. 实践体验法

亲所教，终觉浅；子成长，靠实践。

子实践，可体验；得真知，获实感。

知生活，知自然；知社会，知恶善。

亲放手，子体验；干中学，学中干。

家务活，多动手；农工商，可试做。

公益事，多参加；军训课，可强化。

注释：

亲所教，终觉浅：出自南宋诗人陆游诗作《冬夜读书示子聿》："纸上得来终觉浅，绝知此事要躬行。"意思是：父母亲对子女的教育相对于子女来说，毕竟只是言传身教，孩子成长还需要靠自己的亲身实践以真正获得人生的知识和能力。

军训课，可强化：指孩子参加学校或单位组织的军训课，进行强化训练，以提升孩子的素质和能力。

解读：

毛泽东主席曾说过："读书是学习，使用也是学习，而且是更重要的学习。"实践出真知，实践增才干。父母教育孩子视野应开阔，不仅要让孩子学习书本上的知识，更重要的是让孩子多接触大自然和参加社会实践活动，让孩子在实践中体验生活，积累经验，学习知识，培养良好品性。不把孩子封闭在自己家里，应尝试"体验性成长"。可让孩子从小参加适量的家务劳动，提高动手和自理能力。还可有计划地让孩子到农村去参加劳动，到工厂去参加做工，到市场去学习商品交换。公益事更有利于培养孩子的善良品德，应鼓励孩子多参与。军训可强壮体魄，锻炼意志，培养勇敢精神，增强组织纪律性，是孩子不可缺失的一课。这些都可以有计划地让孩子去参加体验。知识只有在实践中才能得到升华，经验只有在实践中才能得到积累，品德只有在实践中才能得到磨炼，能力只有在实践中才能得到提升。

给孩子体验成长的空间，家长应放手而不是撒手。家长要密切关注孩子实际体验中遇到和出现的问题，帮助孩子正确认识和对待成绩、进步、困难、挫折、委屈和失败；帮助孩子正确辨别社会上的真、善、美和假、恶、丑，鼓励孩子多看积极面，吸收正能量，不被实际生活中的某些问题所迷惑。

七、子女

（一）立志

何为志，即志向；有目标，有方向。

有志者，事竟成；致高远，勇攀登。

无志者，碌碌生；目光浅，事难兴。

鲲鹏志，乃大志；九万里，扶摇直。

有理想，有大智；效国民，成大事。

年少时，早醒悟；早立志，上正路。

早历练，肯吃苦；修品行，打基础。

有毅力，志不渝；不畏难，勇进取。

定目标，切实际；勿好高，勿过低。

善笃志，善博采；长计划，短安排。

今日始，重实干；今日事，今日完。

志向强，智可达；志有信，志必达。

注释：

有志者，事竟成：出自南朝《后汉书·耿弇传》刘秀语：“将军前在南阳，建此大策，常以为落落难合，有志者事竟成也。”意思是：志向高远的人，勇于努力进取，一定会取得事业的成功。

鲲鹏志，乃大志；九万里，扶摇直：出自《庄子·逍遥游》：大鹏迁移到南海去的时候，翅膀在水面上拍击，激起的水浪达三千里远，然后趁着上升的巨大旋风飞上九万里。形容人志向远大。

善笃志，善博采：出自《论语·子张》：“子夏曰：‘博学而笃志，切问而近思，仁在其中矣。’”原意指：博览群书广泛学习，而且能坚守自己的志向，恳切地提问，多考虑当前的事，仁德就在其中了。这里指：孩子立志以后要忠实地坚守志向，并博采众长为实现己志所用。

今日事，今日完：出自明代画家文嘉《今日歌》：“今日复今日，今日何其少。人生百年几今日，今日不为真可惜。……努力请从今日始。”比喻人要重视今天，从现在做起、做好。

志向强，智可达；志有信，志必达：出自《墨子·修身》：“志不强者智不达，言不信者行不果。”原意指：志向不坚定的人，智慧就不能充分发挥；讲话不守信用的人，他的行动就不会果敢。这里指：坚定信念，发挥才智，自己的志向就一定能实现。

解读：

立志就是确立志向。古今中外凡是有作为的人，都十分重视人生的志向。志存高远，就会自我激励，奋发向上，取得成就。否则人就会目光短浅，缺乏动力，没有方向，碌碌无为，难成大事。因此，家庭要教育子女从小立志，并按照确定的志向，坚定不移地去努力拼搏。志向有大志、中志和小志，要立鲲鹏之大志。因为志向小就动力不足，容易满足，满足了则难以发展、难以进步。一个有理想、有抱负的青年，一定要树立远大的志向或梦想，并把个人的志向与祖国的发展，人民的利益和幸福联系在一起，这是人生前进的方向，也是人生的脊梁。理想不是空想，志向不是想象，是要靠良好的品德来支撑，辛勤的劳动去实现。因此，家庭教育子女要注重品德修养，淡泊名利，心无旁骛，脚踏实地，努力拼搏，把理想与志向变成现实，以报效祖国和人民，做祖国和人民事业发展的有用人才。另外，为了实现个人的理想和志向，要科学地确定目标，目标应相对专一，不能太多，否则今天想干这个，明天想干那个，样样通又样样松，最后一事无成。同时目标也不宜过高或过低。还要制订切实可行的计划，计划应统筹安排，突出重点，崇尚实干，抓好落实。人生只有“三天”，昨天、今天和明天，要重视今天，从现在开始，抓紧每一天，今天的事今天完成。光阴似箭，做好每一天。

世界上最难的事情，就是怎样做人、怎样做一个好人。家庭教育子女特别是少年儿童，要从小立志做一个好人，即做一个有理想、有道德、有文化、守纪律的人，做一个有益于国家，有益于民族，有益于人民的人。要学习和传承中华民族传统美德，学习和弘扬社会主义新风尚，热爱生活，懂得感恩，与人为善，明礼诚信，爱岗敬业，敢于担当，为实现个人的志向和梦想，实现中华民族伟大复兴的中国梦，做出应有的贡献。

（二）品格

1. 自信

好品格，贵自信；人自信，事之本。

主客观，细分析；准确判，勿盲干。

抓机遇，敢挑战；顺势行，敢为先。

勿犹豫，勿徘徊；勿怕错，勿怕败。

肯思考，用智慧；知取舍，晓进退。

方向正，步不停；善总结，勇者胜。

注释：

顺势行：指正确分析和认识面临的形势及发展趋势，顺应形势的发展而行动。

敢为先：敢于挑战，敢于担当，争创一流。

知取舍，晓进退：知道什么该争取，什么该舍弃；明白什么时候该前进，什么时候该后退。

解读：

自信是做人最美好的品格之一，是人们取得成功的重要前提和保证。俗话说，事在人为。一个人在人生的征途上，要做好一件事情，成就一番事业。首先要相信自己，充满信心和勇气，并且要勇敢地面对一切困难和问题。但勇敢自信绝不意味着轻生好斗，而是要坚持良好的道德和正义的原则。古代圣贤将“勇”分为上、中、下三种境界，怀仁爱之心，忧国忧民，无私无畏，是“大勇”；好礼而轻财，亲贤人远小人，是“中勇”；不顾是非，贪财斗狠，是“小勇。”当代儿女应遵循正确的道义观，把个人利益融合在整体利益之中，为国家、为民族、为人民，为正义事业，坚持自信，敢于担当，勇于奋斗。

自信和勇敢不是盲动，不是蛮干，应建立在遵循科学规律和科学知识的基础上。因此，家长要教育孩子在做出每个重要决定和行动之前，要翔实地了解和掌握主客观情况，分析其有利条件和不利条件，准确地判断其发展趋势，勇于和善于做出决断，并落实行动。特别是要关注大局，审时度势，顺势而上，抓住有利机遇，勇敢迎接挑战。因为人生真正好的机遇，并不是随时都可以遇到的，遇到了也并不是谁都可以抓住的。另外，机遇往往与挑战并存，如果不敢面对挑战，什么机遇也都枉然，都不会变成现实，不会取得成功。同时，人的自信、勇敢还要靠聪明才智，特别是在面对复杂的环境和局面时，要沉着应对，知道什么该争取，什么该舍弃；明白什么时候该前进，什么时候该后退。必要时要以舍求得，以退为进。这就是智慧，这也是自信。干什么事情只要方向明确，就要不畏艰难，不断总结，勇敢前行，相信一定会取得成功。

家庭教育一定要注重孩子自信、勇敢品格的培养。当孩子取得成绩和进步时，要及时给予表扬和鼓励，以不断增进孩子的自信。另外，要有计划、有目的地让孩子在困难条件下经受锻炼，培养孩子不怕困难、不怕挫折、勇往直前的品格。沧海横流，方显出英雄本色。无数事实证明：自信者强，勇敢者胜！

2. 坚强

好品格，贵坚强；乃气质，有力量。

人生路，多不平；有失败，有成功。

不畏挫，不怕难；敢攻克，勇向前。

逆不卑，顺不亢；自胜者，则更强。

不惹事，能忍事；不怕事，善处事。

风雨过，呈彩虹；弱者败，强者胜。

注释：

不畏挫，不怕难：指不畏惧挫折，不害怕困难。

逆不卑，顺不亢：指人在逆境时不要自卑，在顺境时不要过分地兴奋、高兴。

自胜者，则更强：出自《老子》："胜人者有力，自胜者强。"自胜即克制自己，不断超越自我，战胜自我。原意是：能够战胜他人的人有力量，能够战胜自我的人是真正的强者。这里指要克制自己，不断超越自我，战胜自我，培养坚强的品格。

不惹事，能忍事：不做违法乱纪的事，不主动向他人挑起事端，遇到不愉快的事情不计较，能容忍。

不怕事，善处事：指当自己遇到了事情和问题，或他人挑起矛盾和问题，不要畏惧，应想办法妥善处理。

解读：

坚强是人最可贵的品格之一，是人的气质乃至力量的体现。在人生的征程中，在现实生活中，每个人都会有成功的时候，也会有失败的时候，有顺境也有逆境，这些对人都是一种考验。特别是在遇到各种困难、障碍、挫折，甚至可能遭遇到一些难以想象的痛苦、磨难和危险的时候，更是一种严峻的考验。在面临逆境的情况下，如何生存和发展，有两种心态：一种不健康的心态，惧怕，退缩；一种是健康的心态，坚强，向前。"胜人者有力，自胜者强。"

战胜各种困难、挫折，关键是先战胜自己。我们应树立和保持坚强的心态和品质，勇于面对现实，采取积极的措施，千方百计地攻克难关。要逆而不卑，顺而不亢，始终保持积极向上的心态、保持坚强的意志、顽强的毅力、自强不息的精神，那么就一定能转逆为顺，转败为胜，转危为安。

人的一生会出现和遇到各种各样的事情和问题，首先自己要加强自身修养，严格自律，不要做违纪违法和不道德的事。另外，不主动挑起矛盾和事端，遇到不愉快的事情不要斤斤计较，能够宽宏大量地容忍。但是一旦出现和遇到了事情和问题，也不要惧怕，应该勇敢地面对，采取有力措施，妥善进行处理。不犯事，不惹事；不怕事，善处事，应该是我们做人和处事的一个重要原则，也是检验一个人是否成熟和坚强的重要标志。

坚强的品格不是与生俱有的，是需要经过长时间锻炼和培养的。孩子特别要从小养成。家长要相信和尊重孩子，把孩子当作坚强的孩子来培养。从发展孩子品德和智力入手，使孩子由内到外坚强起来。要有意识、有目的地对孩子进行困难与挫折教育，给孩子独立锻炼的机会，有困难让孩子自己克服，有挫折让孩子自己面对，让孩子从中去经受考验，体验克服困难和战胜挫折的喜悦，增强孩子自信心并坚强起来。

3. 谦谨

好品格，贵谦谨；既谦虚，又谨慎。

满招损，谦受益；谨则顺，轻发逆。

谦与学，人可立；知无涯，学不已。

事有功，记对账；查不足，勿膨胀。

与人处，勿傲蛮；应谦和，且友善。

不妄言，应慎行；谨慎者，安其生。

注释：

谦谨：出自《晋书·阳鹜载记》：“鹜清贞谦谨，老而弥笃。”指谦和谨慎的品格。

满招损，谦受益：出自《尚书·大禹谟》：“满招损，谦受益，时乃天道。”意思是：自满必招致损害，谦逊必得到益处。

谨则顺，轻发逆：谨慎做事可顺利，轻浮张狂有可能发生变故，不顺利。

谦与学，人可立：出自南朝萧绎《金楼子·立言下》：“立身之道，唯谦与学。”意思是：立身处世最好的做法是谦虚和好学。

知无涯：出自《庄子·养生主》：“吾生也有涯，而知也无涯。”意思是：生命有限，知识无限。

学不已：出自《荀子·劝学》：“学不可以已。”已：停止。意思是：学习无止境，求学不停止。

事有功，记对账：指取得成绩和功劳时，不要都记在自己身上。

不妄言：出自《朱子语类》：“言不妄发，发必当理。”指不要随便说话，如果说话，必须在理。

应慎行：出自《礼记·中庸》：“是故君子戒慎乎其所不睹，恐惧乎其所不闻。莫见乎隐，莫显乎微，故君子慎其独也。”意思是说：君子在没有人看见的时候也谨慎守道，在没有人知道的时候也生怕离道。即使在隐蔽之处，或在细微的事情上，也没有离道的表现。这里

指人无论在任何时候和情况下，特别是在无人监督的情况下和细小事情上，都要做到谨慎、慎独、慎行。

安其生：指一生安全、平安的意思。

解读：

谦谨是一种品格，是一种聪慧，为人贵在谦谨。谦谨包含谦虚和谨慎两个层面。谦谨的人，能正确认识和对待自己，不满足和夸大自己取得的成绩，永不自满，永远前行，而且要求自己严格，为人做事稳重、严谨。无数事实证明，谦虚谨慎的人会得到益处，取得成功；骄傲自满的人一定会招来损失，遭到失败。因此我们一定要努力培养谦谨的品格，发扬谦谨的作风。

在学习上应树立终身学习的观念，不满足已有的收获，学而不厌，永不自满。在工作、事业上取得成就的时候，应保持清醒的头脑，把成绩主要归功于组织和大家，不要只记在自己账上，不要自以为是，自我张狂，要勇于查找自己的不足，保持清醒的头脑，继续前行。在为人处世上应谦和、友好，与人为善，不傲慢，不蛮横。在行为上应谨慎，不随便说话，不随意行事，特别是在个人独处的时候，要做到“慎独”，严格要求自己。做事要做好，做人要低调，谦谨是福，谦谨是宝，一生保平安，谦谨不可少。“虚心使人进步，骄傲使人落后，我们应当永远记住这个真理。”毛泽东的教导掷地有声，是人生的法宝，我们一定要记牢。

4. 包容

好品格，贵包容；容为大，宽襟胸。

包容人，在于心；心宽容，则容人。

人相聚，各有异；顾大局，小不计。

人之贤，应思齐；取人长，勿妒忌。

人之错，视己过；引为戒，勿再错。

容人者，有德人；德不独，必有邻。

注释：

包容：出自《汉书·五行志》：“上不宽大包容臣下，则不能居圣位。”原意是：皇上如不能宽大为怀，包容臣子的一些小错误或冒犯的言行，就不能江山永久。这里指与人相处要包容他人缺点，善于与各种人相处。

容为大：出自《尚书·君陈》：“有容，德乃大。”意思是：人宽容大度,襟怀宽广，才会有高尚的道德。

小不计：小事上的分歧不计较。

人之贤，应思齐：出自《论语·里仁》：“见贤思齐焉。”意思是：见到有才德的优秀人才，就应该多考虑别人的优点和长处，并且向别人学习和看齐。

人之错，视己过：别人的错误，看作是自己的过失，引以为戒。

德不独，必有邻：出自《论语·里仁篇》：“德不孤，必有邻。”意思是：有包容品德的人不会孤立，必有人与他亲近、相处。

解读：

包容品格好，做人贵包容。包容是一种宽广、博大的胸怀，是一种高尚的道德品格。首先，要有一颗包容的心。心容人则容人，心不容人，则难容人。心容人心应大，心量小不容人。其次，要包容不同的人及人的长处和过错。树林里找不到两片完全相同的树叶，人世间找不到完全相同的两张面孔，人与人之间存在着各种各样的差别，为人处世应该包容差别，求大同存小异，和谐相处。对别人的优点、长处要学习，不要妒忌别人，说三道四。要正确看待别人的过错，宽待人、多容忍、多包容，并且要善于汲取别人的经验教训，引以为戒，使自己不犯类似的错误。再次，要有良好的德行和有一颗道德高尚的心。有包容品格的人，不会孤立无人，必然会有更多的朋友和亲人，会受到众多人的欢迎和拥护。

为了培养孩子善于包容的品格，父母和家庭应当教育、引导孩子修炼博大的胸怀，养成包容他人的良好习惯，学会与人共同生活，合作共事，融入社会大家庭。只有这样人生才能有幸，事业才能有成。

5. 改过

好品格，贵改过；善自省，智不惑。

日三省，省己过；常“四思”，认己错。

思大势，思学进；思做事，思做人。

如有过，不放过；自更新，勇改过。

找原因，明对错；定措施，免再错。

过能改，为无过；若掩饰，错加错。

注释：

智不惑：出自《论语·子罕篇》：“知者不惑”。智同知。原意是：聪明的人遇事不迷惑。这里意思是：善于自我反省并知过错的人不被自己的过失所迷惑。

日三省：出自《论语·学而》：“曾子曰：吾日三省吾身。”指每天自我检查反省多次。

思学进：出自朱熹：“人之进学在于思，思则能知是与非。”意思是：人思考才能前进，思考可以让人知道善恶是非。这里指思考和反省自己学习上有何长进。

过能改，为无过；若掩饰，错加错：出自《左传·宣公二年》：“过而能改，善莫大焉。”意思是一个人犯了错误后，能够认识并改正错误，是最好的事情。

解读：

这一段，主要讲了三个方面的内容：第一，明确勇于承认和改正个人过错的意义。勇于承认和改正个人的过错是做人最优秀的品质之一，也是一个人不断成长进步、走向成功的法宝，还是加强个人修养，不断完善和提升自己的一种行之有效的途径和方法。因此，人生一定要勇于承认过错，改正过错。第二，善于经常反省自己。人只有经常反省自己，才能及时看到自己的进步和长处，同时看到自己的问题和不足，才能经常保持一个清醒的头脑，不至于被世间纷繁杂乱的现象所迷惑，迷失方向。古代大学问家曾子每天都多次进行自我反省：为别人做事竭尽全力了吗？与朋友交往信守承诺了吗？老师传授的知识温习了吗？他的这种自省精神值得现代人学习。现代家人、特别是孩子，也应经常反省自己，特别是要经常反省自己的不足和过错。具体应做到“四思”：一思看自己是否学有长进；二思看自己是否做到了正派做人；三思看自己做事是否尽责有效；四思看个人所处的形势和环境有何新的情况和变化。保持清醒头脑，看到成绩或问题，总结经验或教训，查找内外原因，努力在新的起点上前进。第三，正确认识和对待自己的过错。人无完人，孰能无过，凡是人都会有过错；关键是要勇于承认和改正过错，使自己不断更新和完善；如果自己的过错得到了改正，就没有了过错，但如果认识不到或者没有改正过错，甚至还掩饰个人的过错，那就是错上加错。这就是正确的过错观。

主动自省和改过是一种自我修养、自我提升、自我完善的行为。在现在这个充满喧闹浮华的社会环境里，能够静下心，经常反躬自省，自觉改过，实属难能可贵。因此，父母在这方面要做出榜样，同时，要教育和培养孩子，每天坚持自省的习惯。只有这样，在人生的道路上，才能始终保持清醒头脑，不断完善自己，避免大的失误，少走弯路，顺利前行。

（三） 能力

1. 学习能力

学为基，立身命；人不学，犹夜行。

学知识，应自觉；喜好学，乐于学。

学有成，惜光阴；挤时间，在于勤。

勤于学，学业精；惰于学，难有成。

求学问，重博读；经典书，精研读。

读书法，有四到；心眼口，手亦要。

学问思，辨与行；结合好，融贯通。

拆解法，归纳法；混合用，成效大。

互联网，信息化；新科技，新方法。

知无尽，学无境；终身学，永不停。

注释：

学为基，立身命：出自元代学者许明奎《劝忍百箴》：“立身百行，以学为基。”意思是：在安身立命的诸多本领中，学习是最为基本的。就是说“学习是人生的第一需要”。意思是：只有立足于学习这个基础，才能安身立命。

人不学，犹夜行：出自《酉阳杂俎》：“人不读书，其犹夜行。”

意思是：人不学习，就像夜间走路一样容易迷失方向。

喜好学，乐于学：出自《论语·雍也》：“知之者不如好之者，好之者不如乐之者。”这里孔子把人的学习分为三个层次：知道学习，喜好学习，乐于学习；知道学习不如喜好学习，喜好学习不如乐于学习。乐于学习是人学习的最高层次。

勤于学，学业精：出自韩愈《进学解》：“业精于勤，荒于嬉。”意思是：勤奋学习可使学业精进，贪玩则荒废学业。

惰于学，难有成：出自宋代张载《经学理窟·义理篇》：“人若志趣不远，心不在焉，虽学无成。人惰于进道，无自得达，自非成德君子必勉勉……”业即学业、事业。原意是：“不专心学业，懒惰，就什么也学不到。”这里指不好好学习，则人的学业和事业难有成就。

读书法，有四到；心眼口，手亦要：出自《胡适文存》：“读书三到是不够的；须有四到，是：“眼到，口到，心到，手到。”

学问思，辨与行：引自《礼记·中庸》：“博学之，审问之，慎思之，明辨之，笃行之。”意思是：要广博地学习，要对学问详细地询问，要慎重地思考，要明白地辨别，要切实地力行。

融贯通：出自朱熹《朱子全书》：“举一而三反，闻一而知十，乃学者用功之深，穷理之熟，然后能融会贯通，以至于此。”原意是：从一件事情推知其他类似事情,是源于能使所学知识融会贯通，熟练掌握。这里是指把学习、提问、思考、辨别、实践，五个方面结合好，达到融会贯通。

解读：

学习是人们安身立命的基础和根本，是事业发展和成功的动力和源泉。特别是现代社会错综复杂，科学技术日新月异，人们生活在一个知识爆炸的时代，更应该重视学习。不学习就犹如在黑夜中行走，就会迷失方向，就跟不上时代和形势的发展，终究会被时代所淘汰。因此，一个家庭，特别要教育孩子，进一步增强学习的强烈愿望，不断提高学习能力，创造学习型的家庭。

提高学习能力，创造学习型的家庭。第一，要不断提高学习的认识，增强学习的自觉性。认清时代，认清形势，认清差距，增强学习的紧迫感，不仅要知道学，而且要喜好想，更重要是乐于学，以学为乐，把学习作为生活的第一需要。第二，要珍惜时间，利用好、管理好时间。我们经常会听到，“我忙得很，哪有时间学习”。其实鲁迅先生曾说过：“时间，就像海绵里的水一样，只要你挤，总会有的。”因此，我们要发扬钉子精神，挤时间学习。另外，一天24小时，对谁都一样，但是有的效率高，做很多事情，有的则不然。这里就有一个时间管理问题。我们要学会管理时间，不断提高学习效率。第三，要坚持和发扬勤奋学习的精神。“书山有路勤为径，学海无涯苦作舟”。勤奋出真知。古往今来，无数圣贤英杰无不是靠勤奋学习而取得成功的，他们这种刻苦读书、勤奋学习的精神，值得我们学习和发扬。“精于勤，荒于嬉；勤有功，戏无益。”一分耕耘，一分收获，只有勤奋学习才能学到知识，取得成功。另外，我们还要注意向社会学习，向周围的同学、同事学习。第四，要根据自己的志向、专业、工作和需求，尽量多读一些书，特别是对有关经典著作，应反复研读、精读。第五，要注意学习方法。学习要坚持心、眼、口、手并用，同时要把学习与询问、思考、明理、实践相结合，达到融会贯通。还要学会运用拆解学习法和归纳学习法。特别是要把学得的知识、悟出的道理，运用到实践中去，指导行动，做好工作。第六，在当今科学技术迅速发展和信息化的时代，还要特别注意学习和掌握现代新的科学知识、新的技术。要多接触图书、传媒、电子读物、互联网等多种知识载体。学会运用互联网等信息化手段，吸收和掌握大数据，以丰富自己的知识，并不断改进学习方法。最后要树立终身学习的观念。知识无涯，学无止境，要活到老，学到老，生命不息，学习不停。

2. 自立能力

鹰长大，自奋飞；子长大，应自为。

首自理，然自食；再自强，方立世。

未成年，亲人养；力能及，自担当。

勤动手，勿依赖；亲监护，勿替代。

十八岁，应独立；有专长，自食力。

三十岁，自谋生；有作为，事业成。

自立身，多奉献；尽爱心，且行善。

能善家，能善人；能善国，能善民。

注释：

首自理，然自食：首先在未成年时能够学会生活自理，然后在成年以后做到自食其力。

自谋生：依靠自己的力量，独立自主地进行生活和工作。

解读：

自立能力是人生存和发展的最基本的能力。鹰长大只有自行飞翔方为雄鹰，人长大只有自主自立方能生存有为。人的自立能力取决于三个最基本的条件：一是智力能力，包括知识、技能等。二是劳动能力，包括体力劳动和脑力劳动。三是人格能力，包括思想品德、性格、习惯等。每个孩子迟早都会长大，都要脱离父母，走向社会，成家立业，拥有自己的生活和工作。因此，培养孩子的自立能力，对孩子至关重要，也是父母的一项重要责任。

如何培养和提高孩子的自立能力？自立能力有三个层次：一是自理能力。孩子未成年，年幼时，吃穿用基本是依靠家庭提供和照顾，但年龄逐渐大了，父母要逐渐放手，让孩子在生活中自己动手，自行料理日常生活，不依赖于父母照顾。父母主要是当好监护人，不要事事都代替孩子去做，让孩子在生活中不断增强自理能力。二是自食能力，即自食其力的能力。孩子十八岁成年以后，要树立独立、自主和自力的意识，无论仍在学校还是走向了社会，应靠自己辛勤的劳动、知识和能力，自食其力地生活，不要再依靠父母和家庭来承担，并尽可能减少父母的其他负担，而且要努力为家庭做贡献。三是自强能力。三十岁左右是人的青年时期，也是人生的黄金时期。这时期人的思想逐渐成熟，精力充沛，思维敏捷，充满激情，应该是工作有成绩，事业有作为，立业兴家的时期。但这个时期也是生活负担重，工作压力大的时期，加上社会各方面竞争激烈，因此，孩子必须自强，自强方能自立。父母应鼓励孩子更加勤奋学习，努力拼搏，脚踏实地做好工作，争取各方面有更大的成绩和发展。与此同时，孩子要心怀理想，发奋努力，积极进取，自强不息，在生活和工作上自主、自立后，应尽力为国家和社会多做奉献，多做善事，真正做一个有益于家庭、有益于他人、有益于国家、有益于人民的人。

3. 创新能力

事皆变，物更新；驱动力，乃创新。

旧的破，新的立；旧更新，永不息。

思想变，观念新；勿僵化，勿封闭。

肯动脑，善思考；敏观察，善发觉。

不疑处，则有疑；举一隅，反三隅。

善策划，精组织；勇探索，敢于试。

他人无，我则有；他人有，我则优。

苟日新，日日新；又日新，永奋进。

注释：

事皆变，物更新：世间所有事物都处在变化更新中。

驱动力，乃创新：出自习近平2015年3月5日《在参加十二届全国人大三次会议上海代表团审议时的讲话》："创新是引领发展的第一动力。"这里指创新是引领个人、家庭和社会发展的第一动力。

敏观察：敏锐观察。

不疑处，则有疑：出自宋·张载《经学理窟·义理篇》："于不疑处有疑，方是进矣。"意思是说：在一般人认为没有疑义的地方发现疑义。

举一隅，反三隅：出自《论语·述而》："举一隅不以三隅反，则不复也。"隅：某件事情，某个方面，某个道理。从一个道理推知其他若干道理。

苟日新，日日新；又日新：出自《大学》："汤之，《盘铭》曰：'苟日新，日日新，又日新。'"每天都要不断改过求新，日积月累便产生日新月异的进步。

解读：

世界上所有事物都是处在不断变化和更新之中，旧的破，新的立，永无止境，永不停息。而促进这些事物变化和更新发展的第一驱动力，就是创新。当今社会是一个不断创新的社会，只有创新才能发展进步，否则将会落后甚至停止。如何提高自己的创新能力？一是要不断转变思想，更新观念。多接触社会，多接触实际，生活不要封闭，头脑不要僵化，一切从实际出发，解放思想，实事求是，遵循事物发展的客观规律，锐意进取，不断创新。二是要肯于动脑筋，勤于思考。要善于敏锐观察，发现新的问题，研究新的办法，采取新的措施。特别是在人生征程中，要善于抓住别人不认为是机会的“机会”，举一反三，乘势而为，创新发展。三是科学研究制定方案，精心组织实施。在实施中要不畏困难，不怕风险，勇于探索，大胆试验，善于总结，不断完善。四是创新的基本目标要求是：人无我有，人有我优；天天创新，永续发展。

提高创新能力有一个过程，非一日之功。家长应教育引导孩子积极开展和参与“小发明”“小创造”等活动，不断增强孩子的创新意识，培养孩子的创新兴趣，鼓励孩子的创新行为，不断提升孩子的创新能力。

4. 合作能力

单易折，众难摧；人同心，利断金。
和羹美，在合异；和生物，同不继。
当今世，欲事成；勿单一，和合生。
诚相待，应互尊；合作基，乃互信。
义与利，应结合；先敬事，再求得。
优互补，且互利；至共赢，同协力。

注释：

单易折，众难摧：出自《北史·吐谷浑传》："单则易折，众则难摧。戮力一心。"势孤力单，容易遭受挫折、受人欺负；人多气壮，别人难以摧毁、也不敢欺侮。

人同心，利断金：出自《周易》："二人同心，其利断金。"形容心齐力量大，容易成事。

和羹美，在合异：出自《三国志》："和羹之美，在于合异。"美食佳肴，在于能够调和各种不同的味道。

和生物，同不继：出自《国语·郑语》："和实生物，同则不继。"世界不同事物和谐相处，则可生长发展，如果事物完全相同，则无法发展延续。

和合生：出自《史记·循吏列传》："施教导民，上下和合。"指和谐、合作、融合，方能更好地生存和发展。

先敬事，再求得：出自《论语·卫灵公》："敬其事而后其食。"首先要认真做事，然后再求得个人利益。

解读：

单个人的力量脆弱，容易受挫折；集体的力量强大，不容易被打垮。人在一起同心协力，就能发挥很大的力量。各种不同滋味的食材调和在一起，方能制作出美食佳肴；不同的人、不同的单位只有结合在一起，求同存异，合作共事，共同做大家愿意做的事，方能成功，并能持续发展。当今社会想干成一件事，不能只凭单个力量就能做成的，大家要共同合作才能成功。

要正确处理好与合作人、合作单位的关系。诚信是彼此之间合作的基础，应相互尊重，以诚相待，信守承诺，相互学习，取长补短。另外，相互间还要处理好义与利的关系。首先各自要有很强的事业心和责任感，认真把事情办好，然后再考虑利益的分配。要遵照合作、互利、共赢的原则，各自发挥自己的能力，优势互补，同心协力把事情做好。

5. 护生能力

人之命，大如天；惜生命，保安全。
思忧患，重防范；事难测，绸缪先。
水电气，会使用；如不懂，勿乱动。
有故障，速报告；请专人，修理好。
自然灾，危害大；勿轻视，勿惧怕。
防地震，防滑坡；防雷电，防水火。
懂技能，懂知识；遇变故，妥处置。
公共处，守纪律；防踩踏，应有序。
坐电梯，守规矩；防摔倒，勿拥挤。
自驾车，守交规；安全带，勿忘系。
陌生人，要提防；私家事，不可讲。
子年幼，防拐卖；防受骗，防伤害。
网上话，有真假；善辨别，防欺诈。
危急事，速求助；特服号，应记住。
找民警，一一零；急救人，一二零。
一一九，报火警；一二二，交通警。

注释：

思忧患：出自《孟子》："生于忧患，死于安乐。"意思是：要有防患的意识，安乐中想到忧患。

事难测，绸缪先：出自《诗经·豳风·鸱号》："迨天之未阴雨，彻彼桑土，绸缪牖户。"绸缪：指紧密缠缚。本意是：小鸟趁着天没下雨，啄取那桑皮桑根，把巢穴门窗缠紧固好。后比喻做事要事先做好准备工作。

解读：

人的生命只有一次，人应爱惜自己的生命，尽最大力量保护好生命安全。要居安思危，注意防范危害安全的事故。虽然未来的事情难以准确预测，但事先筹划预防是很有必要的。首先，家人都要了解室内水电气等关键设施的安全状况，会安全使用，如果不懂不要乱动用。发现故障应及时报修，恢复到完好的状态。其次，要有防范自然灾害的意识，学习地震、雷电、水土灾害等自防知识，掌握较多的防护技能，遇事既不要轻视，也不要害怕，机智地妥善处置。公共场合要遵守有关规定，有序行动，防备踩踏，切勿拥挤。乘坐电梯要遵守规矩，防止被挤伤、被摔倒。驾车外出要遵守交通规则，并系好安全带。谨慎与陌生人接触，不向外人讲个人及家庭私事。小孩子外出要警惕被伤害或被拐卖。网上信息真假混杂，要善于辨别，提防网络欺诈。生活中应熟记常用的社会服务电话号码，如民警、火警、急救、交通等电话，遇到危急情况，马上求助，寻求保护。安全防护是人生大事，无论何时何地，都要有安全防护意识，防患于未然。

（四）慎择

1. 慎择偶

至婚龄，慎择偶；终身事，勿轻视。
先立业，后成家；慎安排，有计划。
知其亲，明其世；志道合，重品质。
勿早婚，勿早恋；勿求财，勿求妍。
性懵懂，非婚生；损自身，损家庭。
婚姻事，应自由；遂心愿，勿强求。

注释：

知其亲，明其世：明白对方父母及家庭情况。

勿求妍：不要只追求美丽、漂亮。

性懵懂，非婚生：指两性生活朦胧、糊涂，没结婚就生子。

解读：

择偶是人生大事，无论男女，到了谈婚论嫁年龄，都应慎重选择恋爱对象，思想上马虎不得，不能草率处理。一般情况下应先考虑有了工作和事业，然后再考虑安排结婚和成家。选择恋爱对象要明了本人以及家庭的有关情况，但更要重视本人的道德品质，看彼此人生志向、志趣是否相同，理想、信念是否契合。不要以钱财取人，不要过分追求容貌美丽。结婚年龄要遵守法律规定，早恋早婚对学业、工作不利。恋爱阶段要学习婚恋知识和有关法律规定，树立正确的恋爱观，防止发生不正常的现象和问题。非婚生子，违反道德和法律，既损及自身又损及家庭。现在实行婚姻自由，一定要做到自由恋爱，自愿结婚，强扭的瓜不甜，唯有发自内心的爱情，婚姻才幸福美满。年青人初涉爱海，一般缺乏经验，为了稳妥，可与父母沟通交流，寻求指导，家长可酌情建议，但不要故意干涉子女的婚姻自由。

择偶是为了结婚成家，婚姻不是儿戏。婚姻既是男女双方相爱的结果，又是男女之间和而不同的磨合及互相忍耐的适应，是居家过日子，应有充分的思想准备。新时代的婚姻更需要维系，感情更需要经营。现实生活中离婚率高，有个别小青年择偶结婚不慎重，双方多次离婚、再结婚、再离婚、上法庭的现象是极不严肃的。

2. 慎择业

学业毕，当就业；应缜思，慎择业。

度时势，明方向；扬己长，勿空想。

选行业，应前瞻；依需求，利发展。

自创业，慎选项；敢于试，大胆闯。

钻一门，攻一业；重精进，立事业。

贤儿女，志四方；是金子，总发光。

注释：

应缜思：应该周密、慎重地考虑。

度时势：出自《大清历朝实录·宣统政纪》：“揆度时势。”指根据现有情况预测未来大势。

前瞻：向前看，展望未来前景。

贤儿女，志四方：出自习近平给河北保定学院西部支教毕业生群体代表的回信：“好儿女志在四方，有志者奋斗无悔。”指优秀儿女，志在四方，根据社会需要和自己的特长建功立业。

解读：

学业完成，自当就业，就业必须先择业。择业关系到个人的成长，家庭的幸福、事业的发展，因此，必须慎重。择业一般应依照社会的需求，结合自己的专长和意愿，由用人单位根据岗位需求和择业者的志向双向选择，竞聘上岗。择业还包括自己独立创业。自己独立创业也面临创业形式和行业的选择。这些都要根据社会的需求和本人的实际情况来做决断，只有这样才利于发展。好儿女志在四方。只要社会和国家需要，只要有利于个人长远发展，不管在什么地方，都可做出成就。一旦确定了工作，或选定了创业项目，就要勇于负责，敢于担当，踏实肯干，不怕吃苦，敢闯敢拼。要主攻一业，专攻一门，刻苦钻研业务，熟练掌握技能，坚持精进，事业一定会取得成功。

一个人的就业选择应该契合时代要求，符合人民的需要，这样才更有意义和价值。现在国家发展进入新常态，人力资源需求出现新情况，择业人员可以把自己的理想同社会需要结合起来，响应国家号召，抓住创业、就业的新机遇，服务人民，奉献祖国，同人民一道拼搏，同祖国一道前行。好儿女志在四方，有志者奋斗无悔！

3. 慎择友

子涉世，世纷繁；人难测，择友难。

古往今，择友慎；益友益，损友损。

益三友，直谅闻；损三友，辟柔佞。

益三友，多交往；损三友，须提防。

互联网，交友广；择网友，匆匆忙。

慎网谈，慎造访；防欺诈，防上当。

注释：

益三友，直谅闻；损三友，辟柔佞：出自《论语》："益者三友，损者三友。友直，友谅，友多闻，益矣。友便辟，友善柔，友便佞，损矣。"有益的朋友有三种：正直、诚实、见多识广的人；有害的朋友有三种：谄媚逢迎、表面奉承而背后诽谤、善于花言巧语的人。

解读：

俗话说，在家靠父母，出门靠朋友。"有朋自远方来不亦乐乎"。人生在世，道路艰难，不可无友，但不可轻率交友。人若想顺利安度一生，并在事业上有所成就，必须要有真正的朋友，相互帮助，携手前行。真朋友终身受益，假朋友贻害无穷。现在社会纷繁复杂，要全面了解一个人不容易，年轻人阅历浅，缺乏经验，开始很难识别出哪些是真正的朋友，哪些是假朋友。因此，必须慎交朋友。

如何慎重地选择朋友？首先，要树立正确的择友观。自古以来，朋友分益友和损友，益友就是为人正直的人、诚实守信的人、见多识广的人。损友就是自私自利的人、言行不一的人、心术不正的人。益友对自己、对他人、对社会有帮助。损友对自己、对他人、对社会有损害。要选择益友，不要选择损友。其次，多与各种益友交往，慎与各类损友接触。真正的益友是能给摸黑前行之人点亮明灯的人，不见利忘义的人，不在朋友遭难时远离自己的人。子女应多与这样的朋友交往，并且做到以情待友、以诚待友、以礼待友。对那些说一套做一套，当面一套背后一套，唯利是图，不讲诚信，不讲情义的人应警惕和防备。特别是互联网时代，要慎网聊、慎网访、慎交友，谨防上当受骗。再次，要善于在实践中识别真假朋友。识别真假朋友不仅要看他说的怎样，更重要的是看他做的怎样，即听其言，观其行。朋友交往的基础是诚信，要以诚信交友，交诚信之友。要通过直接接触、实际观察、交往共事等途径，深入了解对方，交正直、真诚、志同道合的朋友。在学习和事业上彼此促进，相得益彰。朋友之间，既要讲情义，还要讲原则，不拿原则做交易，守住道德和法律这两道底线。

八、健康

（一）四大理念

人健康，乃资源；创财富，做贡献。

人多欲，利与名；身外物，生命重。

人不健，多病伤；身体健，寿命长。

度人生，首安康；“四理念”，应增强。

重管理，先预防；信科学，共健康。

人养生，在日常；善管理，身体壮。

常体检，建档案；依评估，制方案。

有病治，无病防；治未病，身体棒。

心与身，多调理；常维护，少疾病。

养与治，尊医学；勿迷信，勿信邪。

靠正道，求正医；病则治，心则怡。

一人病，全家慌；人无病，家安祥。

注释：

四理念：指健康管理、预防在先、相信科学、共同健康的理念。

重管理：重视和加强个人和家庭的健康管理。

治未病：出自《黄帝内经》：“上工治未病，不治已病，此之谓也。”指未病先防。

靠正道，求正医：治病要依靠正规医疗渠道，找正式的医生。

解读：

身体健康是人创造财富和为社会做贡献的根本资源，人有追求名、利等多种精神、物质方面的需要和欲望，但这些都是身外之物，唯有身体健康才是第一位的。身体不健康，心有余而力不足，不仅自

己痛苦，什么也做不成，而且还会连累家庭、国家和社会。世界卫生组织（WHO）经过多年调查研究，得出结论：一个人的生命与健康，60%取决于自己，15%取决于遗传因素，10%取决于社会因素，8%取决于医疗条件，7%取决于气候环境和其他因素。这一结论说明，人的健康与长寿主要取决于个人，健康与长寿的金钥匙主要掌握在自己手里。

如何保障个人及家人的身体健康？首先，应树立正确的健康理念，这是保障健康的前提和基础。为此，我们要树立和增强健康“四大理念”，即健康管理、预防在先、相信科学、共同健康。“重视管理”，就是要重视和加强身体的健康管理。健康管理理念是20世纪50年代末最先在美国提出的概念，其核心内容是通过开展系统的健康管理，达到有效控制疾病的发生或发展，降低医疗费的支出，从而减少医疗保险赔付损失的目的。这主要是从宏观或广义上讲的。从微观或狭义上讲，健康管理主要是基于健康体检结果，建立健康档案，进行健康评估，提出健康管理方案，通过专业人员提供一对一的咨询指导和跟踪服务，使健康管理对象从社会、心理、环境、营养、治疗等多个角度得到全面的健康维护和保障服务。个人和家庭可通过国家和社会有关专业机构，积极搞好个人和家庭的健康管理。“预防在先”，就是在疾病未发生前，先做好预防工作，这体现了中医“治未病”的理论，有病早治，无病预防。要根据自己的身体情况，采取有效方法，从各方面做好预防工作，保持身体健康。“相信科学”，就是指养身与治病必须相信科学，到正规医疗单位就诊，找正式医生看病，决不要相信封建迷信及无根据的邪说。“共同健康”，就是全家人人健康。据最近国家计生委调查表明，家人健康与个人幸福感紧密相关。超过 40%的受访者将“家人健康”作为决定个人幸福和家庭幸福的基础，超过 80%的受访者认为“家人健康”是决定个人幸福和家庭幸福最重要的因素之一。因为家人连心又连身，家人没病，全家人都高兴，家人都健康，全家人都不慌，否则，一人有病，全家人心神不宁。健康是福，家人健康，全家幸福。家家都健康，中国就健康。现在国家十分重视人的身体健康，提出了健康中国建设的发展战略，制定了《健康中国 2030 年发展规划纲要》，明确规定全国人均寿命从现在 76.34 岁，到 2020 年达到 77.3 岁，到 2030 年达到 79 岁。我们要进一步做好个人和家庭成员的健康，积极为推动健康中国建设做贡献。

（二）五大措施

1. 合理膳食

人生存，食为天；管住嘴，合理膳。

荤素配，粗细兼；素为主，粗不断。

适寒暑，顺四时；均营养，勿偏食。

食之物，力求鲜；勿过期，勿质变。

食之餐，量适合；勿大充，勿大摄。

早吃好，中吃饱；晚吃少，身体好。

注释：

膳：饭食。

荤素配，粗细兼：指鸡鸭鱼肉等肉食品与蔬菜、瓜果等食物相搭配，粗细粮相兼顾。

适寒暑，顺四时：出自《黄帝内经·灵枢·本神》：“智者之养生也，必顺四时而适寒暑。”原意是：真正会养生的人，一定要顺承四季的变化，适应寒暑交替的规律。现泛指顺应自然变化而养生。

均营养：根据身体需要，平衡膳食，各种营养要均衡。

勿大充，勿大摄：出自《管子·内业》：“凡食之道，大充，伤而形不臧；大摄，骨枯而血沍。”形不臧：形不好。血沍：血脉闭塞。意思是：不要吃得太饱或太少。

解读：

饮食是人生存的大事，也是关乎到健康的大事，古训说“病从口入”，因此，人一定要严把嘴关，合理膳食，不让病从口入。在食材的选用上，要荤素搭配，粗粮细粮都有，做到素食为主，粗粮不断。饮食要顺承四季变化，适应寒暑交替的规律，根据身体的需求调理，均衡营养，不能按照个人喜好偏食。用餐要适量，不要吃得太饱或太少。吃得太多，营养过剩，对身体不好。吃得太少，满足不了身体健康的需要。一天三顿饭，要规律饮食，一般早吃好，中吃饱，晚吃少，对健康有好处。现在人们的生活好了，吃的东西非常丰富，吃饱没问题，但必须做到科学合理膳食，尤其在烹饪阶段，还要注意食材搭配，防止不同食材烹饪时起化学反应而抵消营养素，或者烹饪时起化学反应成有毒菜品而中毒。

国家及有关部门发布《中国居民膳食指南》，根据国家居民膳食变化情况，提出一些指导意见。2016 年 5 月 13 日，国家卫生和计划生育委员会就《中国居民膳食指南（2016）》情况举行发布会，指出：水果建议摄入量降低，水果不能再当饭吃了；六杯水已经不能满足标准了，上班族再忙不能忘喝水；营养建议中加入“控糖”二字，每天摄入不超过 50g，最好控制在 25g 以下；特别强调控制饱和脂肪酸，少吃肥肉、油炸食品等。我们要根据个人和家庭的情况合理调整好膳食。

2. 适当运动

人要活，身要动；如不动，要生病。

有爱好，应发扬；无爱好，应培养。

常运动，贵坚持；持以恒，增体质。

气血通，经络畅；骨骼壮，免疫强。

工作忙，事务繁；身锻炼，不可断。

因人宜，应适度；勿逞强，勿过度。

注释：

气血通，经络畅：指中医讲的人的气血、经络通畅。

因人宜：因人制宜。

解读：

生命在于运动，健康来自活动。身体长时间不活动，容易滋生疾病。家人如有体育爱好，应该发扬自己的爱好，若没有体育爱好，应该培养自己的爱好。体育运动贵在坚持，经常保持，持之以恒，只有这样才能不断增强自己的体质，使自己身体气血和经络通畅，免疫力不断增强。现在事情多，工作忙，节奏快，特别是一些年轻人及一些特殊岗位的人，各方面压力大，更要注意加强身体锻炼。要不断增强锻炼身体的意识，妥善安排工作与锻炼身体的时间，做到工作不忘锻炼，越累越要注意锻炼身体。体育锻炼不是竞技比赛，目的是健身强体，陶冶情操，增进身心健康。因此，坚持运动还要善于运动，结合实际，因人而异，把握适度，不与别人攀比，逞强好胜，防止运动量过大而伤及身体。现在，不少人除坚持日常活动外，还特别注意利用节假日组织全家开展体育运动，锻炼身体，这样取得了双重效果，既锻炼了身体，又增进了家庭和谐。

新版《中国居民膳食指南（2016）》提出了“健康体重”的概念，建议坚持日常身体活动，每周至少进行5天中等强度身体活动，累计150分钟以上。身体活动最好每天6000步。原因是这些年肥胖和体重超标现象越来越凸显，18岁以上成人体重超标率达到30.1%，肥胖率达到11.9%。因为肥胖、体重超重等因素，糖尿病、高血压等慢性病发病率逐年上升。2015年，中国成人18岁以上高血压的发病率达到了25.2%，糖尿病发病率达到9.7%。此统计，应引起每个家庭和家人的高度重视。

3. 良好习惯

习惯好，病不找；习惯差，病到家。
劳与逸，应结合；如过劳，损体魄。
会生活，有规律；按时睡，按时起。
讲卫生，防疾病；个人洁，家庭净。
坏嗜好，务必纠；不吸烟，少饮酒。
烟有害，致身病；害他人，污环境。
酒过量，损害大；伤身体，形象差。
年方少，远烟酒；体质壮，品德优。

注释：

如过劳，损体魄：出自《淮南子·精神训》：“神大用则竭，形大老则敝。”神即心，形即身。意思是：心与身都不能过劳过用，过劳过用则身体衰竭。

坏嗜好：指不良的习惯和爱好。

解读：

生活习惯好，不容易沾染疾病，若生活习惯差，疾病会慢慢缠身。养成良好的生活习惯：一是要特别注意劳逸结合，工作身心不能过度劳累，不得超过身体的承受能力，做力所不能及的事情，使身体和精神造成损伤。二是生活要有规律，按时作息，该工作的时候好好工作，该休息的时候要好好休息，特别是要保障睡眠。三是要养成讲究卫生的良好习惯，保持个人和家庭的清洁干净。四是要坚决纠正和克服不良生活嗜好，特别是吸烟和过度饮酒。烟草含毒，吸烟有害健康，害自己，害家人，害他人，污染空气及环境，如有嗜烟的坏习惯一定要纠正。过量饮酒或酗酒伤害身体，也有损个人形象和品德，应该限酒，不酗酒。尤其是青少年，应远离烟酒。

联合国世界卫生组织（WHO）认为，当今对人类健康危害最大的是烟草。据 WHO 的统计，在工业发达国家中，人的死亡有约 20% 是属于直接或间接吸烟造成的，因吸烟死亡的人数比因车祸死亡的人数高出 3 倍多。中国是世界上的烟草大国，其生产、消费及吸烟人数，均为世界之首。有数据表明，中国每天约有 2000 人因吸烟而死亡。如果照此发展，到 2050 年中国每天将有 8000 人死于吸烟，每年将有 300 万人死于吸烟。而更令人堪忧的是，中国青少年的吸烟率近年来一直呈上升趋势，且年龄大大提前。为此，国家进一步制定了《公共场所卫生管理条例实施细则》，明确规定“室内公共场所禁止吸烟”。2015 年国务院法制办又把《公共场所控制吸烟条例》纳入立法计划，拟对所有室内公共场所吸烟做进一步的严格规定。为了个人、家人和他人的身体健康，每个人应自觉遵守有关公共场所禁止吸烟的规定，并且每个家庭要努力成为不吸烟家庭。

4. 及时治疗

生与老，病与死；乃自然，不可止。

勇面对，积极为；尽心力，不后悔。

小病治，勿硬抗；若轻视，遭病殃。

早发现，早治疗；中西医，结合好。

慢性病，耐心疗；应急病，抓紧瞧。

一般病，上医院；疑难病，专家看。

注释：

乃自然，不可止：指人生的自然规律，不可阻止、违背。

应急病：应：对待。对待急病。

解读：

人生老病死是自然规律，任何人都无法抗拒。但人应有主观能动性，勇敢面对这些问题，积极作为，尽心尽力预防疾病，医治疾病，同疾病做斗争，做到无怨无悔。疾病是逐渐形成的，疾病初期表现为小毛病，发现小病时不要硬抗，不可轻视麻痹，小病不治，必积病成殃。要按照早发现、早治疗的原则，不拖延，才可能防止小病转为大病。要坚持中西医相结合，对慢性病要耐心治疗，对紧急病要抓紧治疗，对一般病要去正规医院治疗，对疑难病要找专家治疗。孩子生病，因其抵抗力弱，一定要及时发现，及时治疗。特别是孩子生病有六大症状很危险，即孩子面色发红、持续高烧、严重头疼、广泛皮疹、严重胃疼、脖子僵硬等，应抓紧治疗，不能“等等再看”。发烧低于38℃时不需要采用药物处理，超过38.5℃，需要选用药物降温。老年人生病也不能怠慢，必须一经发现，及早治疗，特别是要注意做好老年人心脑血管疾病的预防和急救工作。

2016年6月6日，国务院医改办、国家卫生计生委等7部门联合制定并发布了《关于推进家庭医生签约服务的指导意见》。指导意见提出，到2017年，家庭医生签约服务覆盖率达到30%以上，重点人群签约服务覆盖率达到60%以上。到2020年，力争将签约服务扩大到全人群，形成长期稳定的契约服务关系，基本实现家庭医生签约服务制度的全覆盖。这一制度的建立对加强和改善人们防病治病工作，必将起到积极的作用，是全国家庭及个人的福音。

5. 心态平衡

心与身，应平衡；如失衡，易得病。

身心平，重在调；欲调身，心先调。

喜与怒，哀与乐；应节制，勿偏过。

心失衡，体失中；僻邪至，百病从。

心平和，身适中；心乐观，身康宁。

内为神，外为形；神形合，人长生。

注释：

应节制，勿偏过：出自《素问·阴阳应象大论》：“喜怒不节……生乃不固。”原意指：人的喜怒哀乐不加以限制，就损害身体健康，生命不可长保。这里指喜怒哀乐情绪应该控制，不要过分。

僻邪至：出自《黄帝内经·灵枢》：“智者之养生也，必顺四时而适寒暑，和喜怒而安居处，节阴阳而调刚柔。如是，则僻邪不至，长生久视。”原意是：明智的养生方法是顺应自然气候变化，调和情绪，刚柔相济，安居乐业，这样的话，才不至被虚邪贼风所侵袭，可长生不老。这里是说：心态若失去平衡，虚邪贼风就会侵身，引起生病。

内为神，外为形；神形合，人长生：出自《史记·太史公自序》："凡人所生者神也，所托者形也，神大用则竭，形大劳则弊，形神离则死。"神，指心态、精神。形，指身体、外表。原意是：大凡人活着是因为有精神，而精神又寄托于形体。精神过度使用就会衰竭，形体过度劳累就会疲惫，形、神分离就会死亡。这里主要指修养好心态并引导好行为，使精神和行为和谐运行，持续保持身体健康。

解读：

身心平衡是保持身体健康的重要条件，若身心失衡，各种致病因素就会滋生，身体就会得病。为了保持身心平衡，平时要注重身心调理。调理身心首先要从调理心态入手，顺利时不得意忘形，逆境时不悲观失望，有喜事避免喜不自禁，有哀事避免过度悲伤，保持平衡的心态。如果心态失去平衡，身体就必然失调，各种疾病就会随之产生。通过调理心态，保持心态平衡，进而保持身体机能平衡，即能做到神形合一。这样人便能长久保持健康，益寿延年。人所处环境是不断变化的，所以心态平衡不是静态的，个人只有不断进行心理自我调节，才能适应不断变化的社会环境，心态才能保持动态的平衡，进而促进身体健康。

九、告诫

严告诫，六不染；黄毒赌，偷骗贪。

犹毒瘤，似祸灾；如染及，难脱开。

严告诫，勿染“黄”；莫视黄，莫听黄。

温柔乡，莫迷茫；花街巷，莫乱逛。

嫖与娼，败品德；法惩罚，人厌恶。

自己伤，家人辱；人世间，难立足。

严告诫，勿染“毒”；吸贩毒，不可触。

吸成瘾，戒除难；伤身心，亲不安。

贩毒品，害处大；损社会，损国家。

吸贩毒，国不容；罪难逃，法严惩。

严告诫，勿染“赌”；赌成瘾，实难除。

先赌小，后赌大；既误己，又误家。

输想赢，赢想增；利欲心，壑难平。

赌钱财，惹祸端；坑他人，荡家产。

注释：

温柔乡：出自汉代伶玄《赵飞燕外传》：“帝大悦，……谓为温柔乡。”比喻美色迷人的女子和境地。

花街巷：指苏州城区的一条街巷，旧时为花柳场所。

败品德：出自《尚书·大禹谟》：“侮慢自贤，反道败德。”指轻慢众人，妄自尊大，违反正道，败坏德义，败坏品德。

亲不安：指父母及亲人心里不得安宁。

解读：

家庭是社会的细胞，为保持细胞健康，使家庭人正、风清、家和、事兴，应严正告诫家人严格遵守做人品德、家庭美德和社会公德，严格遵守国家的有关法律和规定，自觉抵制社会丑恶现象和不良风气的影响和侵蚀，坚决做到“六不染”，即黄、毒、赌、偷、骗、贪。这六个问题都是严重毁害个人、家庭、他人和社会的毒瘤，如果染指难以摆脱，不仅个人身败名裂，家庭也难以安定，同时祸害他人和社会。

“黄”污染身心，损坏品德，必须做到不看、不听、不为。特别是嫖娼更伤风败俗，将会受到法律的惩罚，遭人厌恶。一旦染指不仅

自己受到伤害，难以在世上立足，同时也使家庭受到不良影响，败坏门风和家庭道德。

“赌”者，既影响工作又影响家庭，一般是先赌小的后赌大的，普遍心理是想赢不想输，输了想翻本，赢了还想赢，结果是倾家荡产，鸡飞蛋打一场空。有的失去理智，没钱借钱也要赌，甚至不顾偷抢他人和国家钱财，触犯了法律，住进了牢房。

“毒”，即毒品。毒品本身就是毒，无论吸毒还是贩毒都是违法犯罪的行为，不能碰触。人一旦吸毒不但毒害了自己的身心，同时毒害了家人、他人和社会。贩毒危害更大，祸害国家和社会，乃国家法律所不容，必将得到法律的严惩。因此，家庭一定要加强对家人和子女的教育，远离毒品。

严告诫，勿染“偷”；不义财，勿伸手。
小偷针，大偷牛；成恶习，难撤手。
天在看，地在瞧；偷盗贼，无处逃。
偷钱财，名声坏；法不容，众人遣。

严告诫，勿染“骗”；失诚信，处世难。
欺人物，骗人财；触法律，品质坏。
凭侥幸，一时成；坏良心，遭报应。
骗人者，乃骗已；“聪明者”，反被弃。

严告诫，勿染“贪”；贪则腐，腐必变。

防贪腐，防退变；拒腐蚀，永不沾。

公众利，不能贪；他人利，不能占。

公与私，泾渭明；做事廉，做人正。

严告诫，“六不染”；家中人，记心间。

黄赌毒，高压线；偷骗贪，乃红线。

严自律，不触线；全家人，互监管。

人则正，风则清；气则和，家则兴。

注释：

欺人物，骗人财：指欺骗别人的物品，骗取别人的钱财。

泾渭明：出自《诗经·邶风·谷风》：“泾以渭浊，湜湜其沚。”原意指：渭河与泾河交汇处呈现泾水清渭水浊的水景。这里比喻公私界限分明。

做事廉，做人正：做事要廉洁，做人要正派。

解读：

“偷”，乃不义之举，偷窃他人钱财为千夫所指的可耻行为。为人一定要养成良好的习惯，不要沾染坏的习惯。“偷”，一般由占小便宜到小拿小摸，由小偷到大偷，逐渐发展而成恶习。恶习一旦养成，将难以自拔。偷盗者既损害他人利益，又损害自己的名声。人要管住自己的手，伸手必被捉。现在人网密密，法网恢恢，偷盗者逃脱不了应有的制裁。

“骗”，即欺骗、诈骗。骗子骗取别人的信任，骗取别人的钱财，失诚信，坏良心，损害他人，损害社会。骗子一时可能侥幸得手，但终究会被人识破，遭到报应，得到法律的惩处，被众人和社会抛弃。

“贪”，即贪污受贿，侵占公家和他人钱财，或接受别人的贿赂。贪污受贿是一种违法犯罪的腐败行为，而腐败必将毁掉自己。因此，在经济上公与私一定要泾渭分明，自己的东西与他人的东西一定要划清界限，绝不能损公肥私，损人利己。公家的东西一点也不能贪，他人的东西一点也不能占，不义之财一点也不能取。特别是绝不能利用手中的权利，以权谋私，搞权钱交易。要正派做人，干净做事，拒腐蚀，永不沾，防腐败，防蜕变。

总之，黄毒赌、偷骗贪是六大毒害，也是绝不可触及的高压线和绝不可逾越的红线。家里人应严格自律，切实做到“六不染”。另外，家里人要互相监督，家长要做好样子，同时要特别注意加强对子女的教育管理，防止和杜绝这六大毒害的发生。这六大毒害《预防未成年人犯罪法》已做出了明确的惩处规定，家长应熟悉《预防未成年人犯罪法》，并诫勉未成年人以及全家，确保家庭人正、风清、气和、业兴，为国家的发展、民族的进步、社会的和谐，做出应有的贡献。

十、法律

（一）婚姻法

婚姻法，范围大；规制婚，规制家。

自由爱，自愿婚；买卖婚，法律禁。

一对一，男女婚；多妻夫，法不允。

结婚姻，要登记；自办理，勿代替。

婚事慎，勿违禁；禁亲婚，禁病婚。

违禁婚，无效婚；受胁迫，可撤婚。

重婚案，家暴案；若犯罪，法惩办。

欲离婚，要慎重；可调处，可诉讼。

怀孕期，慎离婚；军人婚，更要慎。

父母亲，自由婚；因变故，可再婚。

再婚权，法保护；家子女，当祝福。

违婚法，致家殇；无错方，可获偿。

分财产，要公平；有侵权，上法庭。

婚期财，无彼此；共拥有，共处置。

婚前财，可厘清；互尊重，和气生。

家财产，权利明；夫妻财，可继承。

注释：

婚姻法：指《中华人民共和国婚姻法》。

婚期财：夫妻在婚姻关系存续期间所得的财产。

婚前财：人在结婚以前的个人财产。《中华人民共和国婚姻法》第十八条第一款规定："有下列情形之一的，为夫妻一方的财产：(一) 一方的婚前财产……"

解读：

《中华人民共和国婚姻法》是调整人们婚姻、家庭关系的法律，是人们正确处理婚姻家庭关系的行动指南。它确定婚姻的原则、结婚的条件、夫妻之间的权利和义务，以及父母子女之间、兄弟姐妹、祖父母、外祖父母、孙子女、外孙子女等亲属之间的关系，以及离婚及离婚后子女抚养等规则。婚姻法适用于一切公民，是关系到千家万户、男女老少、社会家庭生活的重要法律。

我国现行《中华人民共和国婚姻法》是 1950 年制定的，1980 年第一次进行了修订，2001 年第二次进行了修订。1950 年《中华人民共和国婚姻法》规定："废除包办强迫、男尊女卑、漠视子女利益的封建主义婚姻制度。实行男女婚姻自由、一夫一妻、男女权利平等、保护妇女和子女合法利益的新民主主义的婚姻制度。""禁止重婚、纳妾，禁止童养媳，禁止干涉寡妇婚姻自由，禁止任何人借婚姻关系问题索取财物。"体现了我国婚姻家庭制度的破旧立新，把妇女从旧婚姻制度下解放出来。1980 年《中华人民共和国婚姻法》增修两项主要内容，将“夫妻感情确已破裂、调解无效”作为判决离婚的法定条件；确定“计划生育”基本原则。这是改革开放初期国家对婚姻家庭关系进行的新的整合和规范。2001 年修订《中华人民共和国婚姻法》时增加了“禁止有配偶者与他人同居”“禁止家庭暴力”“夫妻应当互相忠实，互相尊重；家庭成员间应当敬老爱幼，互相帮助，维护平等、和睦、文明的婚姻家庭关系”等内容，并对离婚时的财产分割、离婚后子女的抚养和教育以及违反《中华人民共和国婚姻法》的法律责任等问题做出了更加明确和具体的规定。其后，最高人民法院对婚姻法解释了三次。经过几次修改，婚姻法法律文本不断充实和完善，基本适应当前婚姻家庭发展现状，是婚姻家庭关系的基本准则。

（二）妇女法

家之女，半边天；妇女法，保女权。
政治权，可享有；劳保权，可享受。
家财权，享平等；人身权，有保证。
禁骚扰，禁虐待；禁搜身，禁拐卖。
禁歧视，禁欺凌；禁绑架，禁害命。
妇女权，不能犯；侵犯者，法律管。

女有难，找妇联；或仲裁，或法判。

新女性，立于世；享女权，当“四自”。

注释：

妇女法：指《中华人民共和国妇女权益保障法》。

四自：《中华人民共和国妇女权益保障法》第五条规定：“国家鼓励妇女自尊、自信、自立、自强，运用法律维护自身合法权益。”

解读：

《中华人民共和国妇女权益保障法》是我国第一部专门以保障妇女权益、促进男女平等为宗旨的法律。妇女权益主要包括政治权利、文化教育权益、劳动和社会保障权益、财产权益、人身权利、婚姻家庭权益等。

现行《中华人民共和国妇女权益保障法》于1992年4月3日经第七届全国人大第五次会议通过，自1992年10月1日起施行。制定妇女权益保障法的目的是为了保障妇女合法权益，促进男女平等，为了充分发挥妇女在社会主义现代化建设中的作用，为了推进社会主义民主法治建设。1992年的妇女权益保障法颁布施行以后，对保护妇女权益、促进妇女发展起到了积极的推动作用。

随着我国经济社会的发展，广大妇女的维权意识普遍提高，妇女权益保障方面出现了一些新情况、新问题，需要从制度上加以解决。

因此，为了解决在政治权利、财产权益、劳动和社会保障权益、人身权利、婚姻家庭权益等方面的问题，需要对妇女权益保障法进行修改。正是在这个背景下，2005 年 8 月 28 日，第十届全国人大第十七次常委会议通过了关于修改妇女权益保障法的决定，并对其进行了修订。新修订后的妇女法更为完善，对妇女权益的保护更加切实，是广大妇女维护权益的法律依据。当妇女的合法权益受到侵害时，可以要求公安、民政、劳动保障、卫生、教育、文化等有关部门依法处理；可以依法申请仲裁；可以向人民法院起诉。国家政权机关依法保护妇女的合法权益。

（三）老年法

家有老，是珍宝；老年法，保护老。
禁侮辱，禁漠视；禁施虐，禁遗弃。
老年人，有经验；社会事，依法干。
有收入，归自己；其他人，无权利。
老人财，自使用；亲属者，无权动。
老人权，不可侵；若受害，勿自隐。
可申诉，可控告；公检法，讨公道。
家人侵，可报案；罚或判，按法办。

注释：

老年法：指《中华人民共和国老年人权益保障法》。

自隐：出自《庄子·缮性》："虽圣人不在山林之中，其德隐矣，隐故不自隐。"原意是：即使圣人不生活在少有人烟的山林之中，他的德行也必将隐没而不为人知。所谓隐没于世，是因为时逢昏暗，人不必韬光便已自隐。这里意为自行隐藏。

解读：

20世纪末，中国人口逐渐老龄化，这种情况涉及政治、经济、文化、社会等领域，关系到国计民生、民族兴衰和国家的长治久安。为了积极应对，经1996年8月29日第八届全国人大常务委员会第二十一次会议通过，国家颁布了《中华人民共和国老年人权益保障法》。其后，随着国家经济社会的发展，老年法进行了几次修正、修订。根据2009年8月27日第十一届全国人大常务委员会第十次会议《关于修改部分法律的决定》，2012年12月28日第十一届全国人大常务委员会第三十次会议进行了第一次修正，2015年4月24日第十二届全国人大常务委员会第十四次会议进行了第二次修正。现行《中华人民共和国老年人权益保障法》是2015年4月24日修正版。《中华人民共和国老年人权益保障法》规定："老年人有从国家和社会获得物质帮助的权利，有享受社会服务和社会优待的权利，有参与社会发展和共享发展成果的权利。禁止歧视、侮辱、虐待或者遗弃老年人。"

《中华人民共和国老年人权益保障法》是一部专门维护老年人权益的基本法律。颁布 20 年来，对于保护老年人合法权益，发展老龄事业，弘扬中华民族敬老、养老、助老的美德，发挥了重要作用。老年人不仅增强了自身法律保护意识，还从各个层面提高了生活质量与幸福满意度。《中华人民共和国老年人权益保障法》还发挥了促进社会和谐的重要作用。

（四）未成年人法

家有子，乃家福；未成年，法保护。

最根本，予子权；子有权，则安然。

基本权，有四条；维子权，要做好。

从小教，奠法基；法意识，早建立。

接触人，自防范；交朋友，拒污染。

多关注，重预防；防犯罪，拒不良。

不良行，危害大；习难改，触犯法。

重矫治，严处罚；共治理，责任大。

注释：

未成年人法：指《中华人民共和国未成年人保护法》《中华人民

共和国预防未成年人犯罪法》。

基本权，有四条：未成年人法第三条第一款规定："未成年人享有生存权、发展权、受保护权、参与权等权利。"

奠法基：奠定守法的思想基础。

防犯罪，拒不良：指未成年人预防犯罪，防止和拒绝不良行为。《中华人民共和国预防未成年人犯罪法》第十四条规定：未成年人的父母或者其他监护人和学校应当教育未成年人不得有下列不良行为："（一）旷课、夜不归宿；（二）携带管制刀具；（三）打架斗殴、辱骂他人；（四）强行向他人索要财物；（五）偷窃、故意毁坏财物；（六）参与赌博或者变相赌博；（七）观看、收听色情、淫秽的音像制品、读物等；（八）进入法律、法规规定未成年人不适宜进入的营业性歌舞厅等场所；（九）其他严重违背社会公德的不良行为。"

不良行，危害大：指有严重不良行为、严重危害社会、违反法律，尚不够刑事处罚的未成年人。《中华人民共和国预防未成年人犯罪法》第三十四条规定，本法所称严重不良行为："（一）纠集他人结伙滋事，扰乱治安；（二）携带管制刀具，屡教不改；（三）多次拦截殴打他人或者强行索要他人财物；（四）传播淫秽的读物或者音像制品等；（五）进行淫乱或者色情、卖淫活动；（六）多次偷窃；（七）参与赌博，屡教不改；（八）吸食注射毒品；（九）其他严重危害社会的行为。"

重矫治：矫治原指医疗上的矫正和医治。这里指重视对未成年人严重不良行为的矫正和治理。

共治理：指对预防未成年人犯罪工作，在各级人民政府领导下，各有关方面应共同参与，实行综合治理。

解读：

青少年是祖国的希望和未来。为了保护未成年人的身心健康，保障未成年人的合法权益，促进未成年人在品德、智力、体质等方面全面发展，培养有理想、有道德、有文化、有纪律的社会主义建设者和接班人，国家于1991年9月4日颁布《中华人民共和国未成年人保护法》。随着形势的发展，国家进行了两次修改。2006年12月29日，第十届全国人民代表大会常务委员会通过了第一次修订，这次修订从我国国情出发，针对未成年人保护方面存在的突出问题，进一步明确了未成年人的权利和保护未成年人的原则，凸显了政府执法主体的地位，全面充实了家庭、学校、社会和司法四大保护的内容，强化了法律责任。2012年10月26日第十一届全国人民代表大会常务委员会通过了第二次修正。经过两次修改，《中华人民共和国未成年人保护法》不断完善。

20年来，《中华人民共和国未成年人保护法》对于保护未成年人的合法权益，改善未成年人的保护状况，营造健康成长环境，发挥了重要的促进作用。当前，家庭和家人，特别是家庭监护人，首先，要进一步增强对未成年人权益的保护意识，切实保护好未成年人的基本权利，其次，是在细节上保护孩子，如注意教育方法，不要打骂孩子；保护孩子的隐私，不要偷看孩子手机微信和日记等。

为了保障未成年人身心健康，培养未成年人良好品行，有效预防未成年人犯罪，1999年6月28日，第九届全国人民代表大会常务委员会第十次会议通过制订了《中华人民共和国预防未成年人犯罪法》，并于1999年11月1日起施行。该法于2012年10月26日，第十一届全国人民代表大会常务委员会第二十九次会议又进行了修改，通过了《全国人民代表大会常务委员会关于修改〈中华人民共和国预防未成年人犯罪法〉的决定》，自2013年1月1日起施行。该法高度概括了预防未成年人犯罪的目的和重要意义，提出了预防未成年人犯罪的治理原则，规定了未成年人9种不良行为的预防教育和9种严重不良行为的处罚措施，规定了各级人民政府及有关部门，家庭、学校及社会有关方面在预防未成年人犯罪工作中的责任和要求，对预防未成年人犯罪，促进儿童、少年健康成长，具有十分重要的意义。家长要教育孩子熟悉《中华人民共和国预防未成年人犯罪法》的有关内容，遵守法律有关规定，养成良好的行为习惯，从小做一个知法守法的好孩子。

（五）母婴法

母婴法，健母婴；母婴康，家人幸。

男女责，始婚前；受婚教，做婚检。

传染病，精神病；发病期，缓婚庆。

遗传病，慎结婚；不宜育，当避孕。

家女孕，要保健；孕产期，莫中断。

待产期，保健严；有需要，可住院。

育婴儿，喂母乳；讲科学，不马虎。

防婴病，做体检；种疫苗，保儿健。

注释：

母婴法：指《中华人民共和国母婴保健法》《中华人民共和国母婴保健法实施办法》。

受婚教：指接受正规的婚前婚后的婚姻、孕育保健教育。

缓婚庆：《中华人民共和国母婴保健法实施办法》第九条规定："经婚前医学检查，对患指定传染病在传染期内或者有关精神病在发病期内的，医师应当提出医学意见；准备结婚的男女双方应当暂缓结婚。"

解读：

为了保障母亲和婴儿健康，提高出生人口素质，第八届全国人民代表大会常务委员会依据宪法，于 1994 年 10 月 27 日通过《中华人民共和国母婴保健法》，并于 1995 年 6 月 1 日起施行。《中华人民共和国母婴保健法》共有七章三十九条，主要从婚前保健、孕产期保健、技术鉴定、行政管理、法律责任五个方面对母婴保健工作予以规范。随后，国务院为进一步贯彻《中华人民共和国母婴保健法》，于2001年6月20日颁布了《中华人民共和国母婴保健法实施办法》，对《中华人民共和国母婴保健法》进行了细化规定，并于公布之日起实施。

2009年8月27日，该法根据《全国人民代表大会常务委员会关于修改部分法律的决定》决定修订。2015年，国家启动了《中华人民共和国母婴保健法》的修订研究工作。《中华人民共和国母婴保健法》实施20多年来，对于提高母亲和婴儿的健康水平，发挥了积极作用。母婴保健关键要靠家庭落实，特别是孕妇、产妇提高科学保健意识，自觉守法，这样母婴保健法才能真正落到实处。

（六）反家庭暴力法

家暴力，侵人权；违法者，有法管。
治理家，反家暴；五种人，享特保。
治家暴，在预防；多机构，共保障。
家人间，当互爱；侵身心，理不该。
受害者，应维权；严重者，找公安。
保护令，保安全；欲申请，去法院。
加害人，治于法；或处罚，或刑罚。
违令人，法追责；或训诫，或刑责。

注释：

反家庭暴力法：指《中华人民共和国反家庭暴力法》。

五种人，享特保：《中华人民共和国反家庭暴力法》第五条第三款规定：“未成年人、老年人、残疾人、孕期和哺乳期的妇女、重病患者遭受家庭暴力的，应当给予特殊保护。”

多机构，共保障：《中华人民共和国反家庭暴力法》第四条第二款规定：“县级以上人民政府有关部门、司法机关、人民团体、社会组织、居民委员会、村民委员会、企事业单位，应当依照本法和有关法律规定，做好反家庭暴力工作。”

保护令：即人身保护令。人身保护令是以法律程序保障个人自由的重要手段，由人民法院以裁定形式做出并执行。《中华人民共和国反家庭暴力法》设立人身安全保护令制度，以切实保障家庭成员特别是妇女儿童的权益。

加害人：特指实施家庭暴力、伤害家人的人。

违令人：指违反人身保护令的人。《中华人民共和国反家庭暴力法》第三十四条规定：“被申请人违反人身安全保护令，构成犯罪的，依法追究刑事责任；尚不构成犯罪的，人民法院应当给予训诫，可以根据情节轻重处以一千元以下罚款、十五日以下拘留。”

解读：

为了预防和制止家庭暴力，保护家庭成员的合法权益，维护平等、和睦、文明的家庭关系，促进家庭和谐、社会稳定，第十二届全国人民代表大会常务委员会于 2015 年 12 月 27 日表决通过《中华人民共和国反家庭暴力法》，自 2016 年 3 月 1 日起施行。《中华人民共和国反家庭暴力法》的颁布实施，使反家暴有了法律依据。该法分为六章三十八条，对家庭暴力的范畴、预防、处置、人身安全保护和法律责任做出了规定。该法把恐吓等精神暴力纳入家暴范畴，规定“反家庭暴力是国家、社会和每个家庭的共同责任。国家禁止任何形式的家庭暴力。”把家庭成员之间相关道德规范纳入法律，规定“家庭成员之间应当互相帮助，互相关爱，和睦相处，履行家庭义务”。

该法有三大亮点：一是强制报告。相关单位发现家暴，有责任和义务报案，否则承担法律责任。二是告诫书。公安机关可给加害人出具告诫书。告诫书记录加害事实和相关警告，告诫书可成为法院审判家暴案的证据。三是人身安全保护令。当事人受到家庭暴力或者面临家庭暴力，可向法院申请人身安全保护令，法院应受理，并要在规定时间内做出裁定。

反家庭暴力过去常在道德层面予以谴责，现在可以兼用法律手段来反制。当前，家庭和每个家庭成员更要增强反家暴法律意识，自觉遵行反家暴法，以法律手段和道德手段预防、反对家暴，杜绝家庭暴力，创建和谐家庭。

（七）其他法

家治理，涉多法；最大法，乃宪法。

普通法，专门法；全国法，地方法。

学习法，理解法；掌握法，用好法。

家中人，勿违法；遇到事，去找法。

事涉法，按法调；可诉求，处理好。

享自由，循法度；人与家，有保护。

注释：

其他法：除本书前述的法律外，其他有关家庭方面的法律法规。

普通法：在中国，通常指次于宪法的一般法律。

专门法：适用于某个行业、领域和专门事项的法律。或称特殊法。

全国法：适用于全国的法律。

地方法：适用于一定区域的有关法规。

按法调：按照法律来调整处理。

可诉求：可以向有关部门投诉、申诉、诉讼，反映要求，提出主张。

循法度：出自《尚书·大禹谟》：“儆戒无虞，罔失法度。”法度，法律制度。原意是：警诫自己，避免后忧，不破坏法规制度。这里是说：遵循法律法规。

解读：

除上述有关家庭方面的专门法律外，家庭还涉及其他很多法律。国家最大的法律就是宪法，宪法是国家的根本大法，它规定了国家的根本任务和根本制度，以及公民的基本权利义务等内容。另外，涉及民事的有民法，涉及刑事的有刑法，有全国性的法律，也有地方性的法律，还有普通法和专门法等。现在我国已基本形成了具有中国特色的社会主义法律体系。

当前我国已进入了法治社会，国家已制定了全面实行依法治国的战略，认真落实国家有关家庭的法律，是全面实行依法治国的重要部分。我们要建设好、治理好家庭，首先，要增强贯彻执行有关家庭法律的意识，破除“家丑不外扬”“家事不用法”的旧观念，树立“遇事找法”“处事靠法”的新观念。其次，要很好地学习、熟悉宪法有关婚姻、家庭的有关制度。还要学习、熟悉普通法与家庭方面相关的内容，特别是要学习、熟悉有关家庭方面的专门法律。除上述涉及家庭方面的法律外，还有《中华人民共和国收养法》《中华人民共和国继承法》《中华人民共和国物权法》等。另外，作为一个社会公民还要学习、熟悉与公民相关的国家法律等。再次，要善于运用法律处理和解决有关家庭的矛盾和问题，坚持德教为先，以德齐家与以法治家相结合，建设有道德、讲法律、守规矩的美好幸福家庭。

后 记

有的朋友问我："你为什么要编写《家规三字文》?"

我编写《家规三字文》的初衷和过程是这样的。2008年底，我退休回到了家里，回顾自己的工作经历，在军队工作25年，在中央国家机关工作18年，共43年。从家里出来工作，转了一大圈，现又回到了家里，深深感到家庭是我人生征程的起点，又是我人生征程的归宿点；是我成长进步的动力和源泉，又是我前进道路上的驿站和港湾。

这43年无论在部队，还是在地方，无论在一般工作岗位，还是从事领导工作，无论在顺利环境，还是在困难环境，我始终坚持老老实实做人，踏踏实实做事，忠于职守，尽职尽责，与人为善，严于律己，完成了任务，经受住了考验，为国家和人民做出了应有的成绩和贡献。这些都是党长期培养教育的结果，是朋友们大力支持和帮助的结果。同时，我也深深感到良好的家德和家风的熏陶和影响至关重要。我永远不会忘记奶奶在我参军时给我说："孩子，咱不能忘本，是共产党和毛主席救了我们，忠孝难能两全，你好好尽忠去吧！”母亲从小就教育我：“要做一个老实、善良的人，多做好事，吃亏是福。”父亲经常说：“要公私分明，公家的东西一点不要贪，别人的东西一点不要沾，损人利己的事一点不要干。”这些一直在影响和激励着我。为了把这些优良家德和家风一代代传承下去，规范家庭和家人的行为，结合实际，我编写了《家庭行为守则》：“家中有主，要事共商；尊老爱幼，品德高尚；夫妻互尊，姊妹相帮；邻里和睦，亲朋有往；生活有序，保持经常；合理膳食，人人安康；做人坦荡，做事担当；勤勉好学，自立自强；言行时中，事不出框；逆境不卑，顺境不狂；施惠毋念，受恩莫忘；宽人律己，胸怀宽广；思过更新，向善向上；培育人才，乃家之纲；家和事兴，代代传扬。”共 15 句话。经过与家人讨论，得到了家人的一致支持和拥护。

党的 18 大以来，习近平高度重视家庭建设，并且发表了一系列重要讲话，为新时期家庭建设指明了方向。学习习近平关于家庭建设的讲话精神，联系当代家庭实际，有的朋友建议我在《家庭行为守则》的基础上，编写一个更详实、通俗的家庭规，为此，我开始了这方面的学习和研究工作。历经三年多，我收集和阅读了大量有关家规的书籍、文章和资料，走访了一些专家和家庭，经过几十次地反复修改，终于完成了该书的编写。

有的朋友问我：“《家规三字文》出版了，编写此书你有何感想和期盼？”

这方面，我感想颇多。一是编写此书是一件很有价值和意义的事。通过编写此书使我进一步理顺了家庭建设思路，明确了家庭建设规范，对促进现代家庭建设，特别是引导和教育好后代，会起到一定的积极作用。二是编写此书并不是一件很容易的事。我国现正处在一个开放的、多元文化并存的新时代，各种思想文化激烈碰撞，相当复杂。在这种情况下，此书要体现社会主义的核心价值观，反映社会的主流文化，引导和规范家庭向好、向善、向上，确实有一定的难度。但经过努力，我感到该书弘扬了中华民族传统家庭美德，展示了现代家庭新的时代风尚，向社会传播了正能量。三是此书是大家共同努力的成果。此书的编写得到了众多朋友及有关方面的大力支持和帮助。在这里我要特别感谢全国妇联中国妇女发展基金会副理事长秦国英，她认真阅读了《家规三字文》，并为该书写了序。特别感谢中国书法家协会郭尊先将军、李刚先生，他们专门为该书题写了“人正 风清 气和 业兴”“传承中华文明 建设幸福家庭”的字幅。特别感谢中国教育学会家庭教育委员会王大龙副理事长，以及王天仁、孙维东、朱栋材、杨伯序、刘希如、朱光荣、赖俊等各位专家和朋友，他们为该书的编写提出了许多宝贵的意见和建议。特别感谢新世界出版社的领导和同志，她（他）们为该书的编写和出版付出了很多辛勤的劳动。另外，还要特别感谢我的爱人、孩子和家人，他们都十分赞同这件事，并在编写过程中给了我很多鼓励、支持和帮助。

我编写此书的初衷是为了更好的教育家人和规范家庭行为。因此，首先我希望我的家人好好学习，做一个品德好、学识广、有才能、有作为的人才，并努力建设一个人正、风清、气和、业兴的幸福家庭，以更好的报效国家和人民。其次我希望能够得到读者的喜欢和众多人的关注，使更多的家庭重视和加强家规建设。由于我的水平和能力有限，此书肯定有很多不足之处，希望大家提出更多宝贵的意见、建议，以便进一步修改和完善。

母建华

2016 年 9 月 16 日